信息感知测量前沿技术丛书

图卷积神经网络及其在高光谱影像分类中的应用

张志利　丁　遥　赵晓枫　何　芳　著

科学出版社

北　京

内 容 简 介

本书主要介绍作者团队在图卷积神经网络高光谱影像分类方法设计方面的理论研究及应用成果。全书共 6 章。第 1 章介绍研究背景，概述高光谱影像分类现状和存在的问题，以及图神经网络的基础知识和实验采用评价指标。第 2～6 章介绍多种基于图神经网络的半监督/无监督高光谱遥感影像分类方法，包括图样本聚合高光谱影像特征提取与分类方法、CNN 卷积与图卷积相结合的高光谱影像特征提取与分类方法、自回归滑动平均高光谱影像特征提取与分类方法、自适应滤波器-聚合器高光谱影像特征提取与分类方法、无监督低通图神经网络高光谱影像特征提取与聚类方法。

本书可供电子信息工程、计算机应用技术、自动化、仪器科学与技术等相关专业的研究生和高年级本科生学习，也可供相关科研人员、工程技术人员参考。

图书在版编目(CIP)数据

图卷积神经网络及其在高光谱影像分类中的应用 / 张志利等著. — 北京 : 科学出版社, 2025. 1. (信息感知测量前沿技术丛书). — ISBN 978-7-03-079799-5

Ⅰ. TP751

中国国家版本馆CIP数据核字第2024PJ2154号

责任编辑：孙伯元 / 责任校对：崔向琳
责任印制：师艳茹 / 封面设计：无极书装

科学出版社出版
北京东黄城根北街 16 号
邮政编码: 100717
http://www.sciencep.com
北京九州迅驰传媒文化有限公司印刷
科学出版社发行　各地新华书店经销
*
2025 年 1 月第　一　版　开本：720 × 1000　1/16
2025 年 1 月第一次印刷　印张：9 1/2
字数：192 000

定价：110.00 元

（如有印装质量问题，我社负责调换）

“信息感知测量前沿技术丛书”序

21世纪是信息科学技术发生深刻变革的时代，信息技术的飞跃式发展及其渗透到各行各业的广泛应用，不但推动了产业革命，而且带动了军事变革。信息优势成为传统的陆地、海洋、空中、空间优势以外新的争夺领域，并深刻影响着传统领域战争的胜负。信息化条件下，战争的胜负取决于敌对双方掌握信息的广度与深度，而信息感知测量技术则是获取信息优势的关键。

如何进一步推动我国信息感知测量技术的研究与发展，如何将信息感知测量技术的新理论、新方法与研究成果转化为国防科技发展的新动力，如何抓住军事变革深刻发展演变的机遇，提升我国自主创新和可持续发展的能力，这些问题的解决都离不开我国国防科技工作者和工程技术人员的上下求索和艰辛付出。

“信息感知测量前沿技术丛书”是由火箭军工程大学智控实验室与科学出版社在广泛征求专家意见的基础上，经过长期考察、反复论证之后组织出版的。丛书旨在传播和推广信息感知测量前沿技术重点领域的优秀研究成果，涉及遥感图像高光谱重建、高光谱图像配准与定位、高光谱图像智能化特征提取与分类、高光谱目标检测与识别、红外目标智能化检测、红外隐身伪装效果评估、复杂环境下方位基准信息感知等多个方面。丛书力争起点高、内容新、导向性强，具有一定的原创性，体现科学出版社“高层次、高水平、高质量”的特色和“严肃、严密、严格”的优良作风。

丛书的策划、组织、编写和出版得到了作者和编委会的积极响应，以及各界专家的关怀和支持。特别是，丛书得到了黄先祥院士等专家的指导和鼓励，在此表示由衷的感谢！

希望这套丛书的出版，能为我国国防科学技术的发展、创新和突破带来一些启迪和帮助。同时，欢迎广大读者提出好的建议，促进和完善丛书的出版工作。

火箭军工程大学智控实验室副主任
国家重点学科带头人

前　言

高光谱遥感影像能够利用上百个狭窄的光谱带刻画不同地表物体的空间-光谱特征，反映不同地物的光学、物理、化学性质，广泛应用于军事侦察、环境监测、精准农业和地质勘探等领域。高光谱遥感影像分类通过提取和分析高光谱影像的空-谱信息，对影像中的每一个像素，根据覆盖地物类别的不同，赋予特定的类别标签，是高光谱影像分析和研究的基础。由于图神经网络在图数据分析中的出色性能，其在高光谱影像分类研究中得到广泛关注。

本书将高光谱影像编码为图形数据，利用图神经网络提取高光谱影像的空-谱上下文结构特征，并学习相邻地物之间的相关性信息，实现对高光谱影像的高精度分类。针对图神经网络在高光谱影像分类中遇到的前沿问题，结合数学知识、人工智能方法、遥感领域知识等，提出多种基于图神经网络的半监督/无监督高光谱影像分类方法。第 1 章主要介绍本书的研究背景，说明高光谱影像分类的现实意义，概述高光谱影像分类现状和存在的问题，引出图神经网络应用于高光谱影像分类需要克服的五个问题。为了便于理解，本书还对图神经网络的基础知识，以及实验所用的评价指标进行介绍。第 2 章针对传统的图卷积神经网络计算量大，无法有效保留每个卷积层的局部特征，容易随着卷积层数的增加而过度平滑等问题，提出基于上下文感知学习的多尺度图样本聚合高光谱影像分类方法。第 3 章针对图卷积神经网络与卷积神经网络融合难，超像素影像预处理导致单个像素分类错误等问题，提出多尺度融合的图神经网络和卷积神经网络相结合的高光谱影像分类方法。第 4 章针对图频谱滤波器含噪鲁棒性和网络过度平滑问题，提出一种基于自回归滑动平均滤波器和上下文感知学习的半监督局部特征保持稠密图神经网络方法。第 5 章针对多图滤波器和聚合器自适应选择和融合问题，提出一种基于自适应滤波器和聚合器融合的图卷积方法。第 6 章针对有监督方法训练标签依赖和无监督方法设计难题，提出一种用于 LGCC 方法的端到端方法。为便于阅读，本书提供部分彩图的电子版文件，读者可自行扫描前言二维码查阅。

随着遥感影像获取手段和处理技术的不断发展，高光谱影像分类的理论、原理和技术也在不断发展和完善,本书仅对图卷积神经网络在高光谱影像分类中的应用进行阐述和总结,希望可以为读者在高光谱影像分类方面的研究提供一点参考和启发。

限于作者水平，书中难免存在不妥之处，欢迎读者批评指正。

作　者

2024 年 7 月

部分彩图二维码

目　录

第 1 章　绪　　论

1.1　背景与意义

遥感（remote sensing, RS）是 20 世纪 60 年代兴起的对地观测综合性技术，集数学、地球科学、空间、航空航天、计算机和物理于一体[1,2]。遥感通过航空机载或航天星载传感器/遥感器对物体的电磁波辐射、反射特性信息进行收集，并对其进行处理和分析[3]。遥感技术广泛应用于植被调查、环境监测、资源勘探、目标识别、军事侦察和灾害评估等领域[4]。随着几十年来的不断发展，光谱遥感技术具备了更优的实时性、高空间分辨率和高光谱分辨率，能够提供的空间-光谱信息也越来越丰富。与此同时，人们对地物的精细识别和分类需求不断提高，传统宽波多光谱遥感已经不能满足高精度地物识别和分类的现实需求。因此，随着航空航天和传感器技术的飞速发展，高光谱遥感（hyperspectral remote sensing, HRS）应运而生[5]。

高光谱遥感影像示意图如图 1.1 所示。高光谱遥感概念诞生于 20 世纪 80 年代，是利用成像光谱学发展起来的一种全新遥感方式。高光谱遥感是一种窄波段成像技术，利用窄而连续的电子波段对地物进行持续遥感成像。高光谱遥感影像光谱覆盖范围从可见光到短波红外，光谱分辨率为纳米级，通常具有多

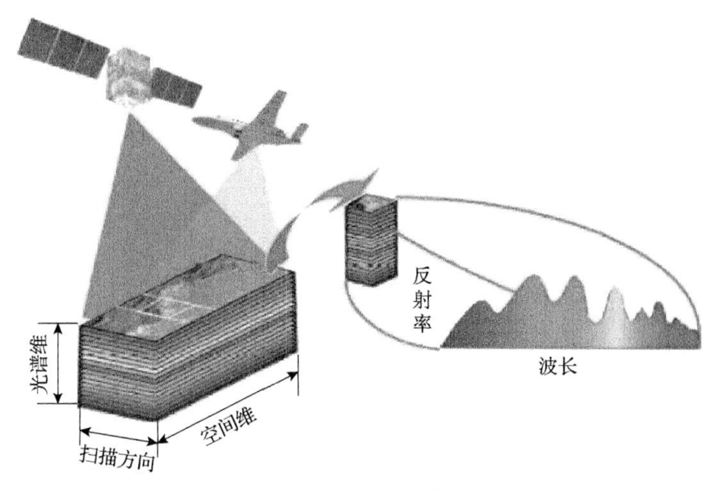

图 1.1　高光谱遥感影像示意图

波段的特点，光谱通道数多达数十甚至数百个，而且各光谱通道间往往是连续的。其波长范围为250～2500nm，光谱分辨率一般小于10nm。因此，高分辨率传感器获得的地物的光谱曲线是连续的光谱信号。利用这些光谱信号能够对不同地物进行分类。同时，结合地物分布的二维空间信息，为地物精确定量识别、分类和细节分析提供了可能，成为地物属性分析的重要手段和依据[6-8]。高光谱遥感成像技术结合了传统遥感和光谱图像分析两大技术，近几十年来一直是国内外遥感技术研究的前沿热点[9-11]。

国内外典型高光谱对地观测系统如表1.1所示。1983年，美国率先研制了世界上第一台成像光谱仪——AISI，并成功应用于植被生化特征、矿物填图等

表1.1 国内外典型高光谱对地观测系统

领域	名称	国家或地区	年份	光谱范围/nm	波段数
航空	AVIRIS	美国	1987	400～2500	224
	HYMAP	澳大利亚	1997	450～2480	128
	AHI	美国	1998	7500～12500μm	128
	OMIS	中国	2000	400～12500	128
	PHI	中国	2001	400～2500	256
	CASI	加拿大	2007	380～1050	288
	MAGI	美国	2011	7100～12700	32
	ASIA-OWL	芬兰	2014	7700～12300	96
	ATHIS	中国	2016	200～500	512
				400～950	256
				950～2500	512
				8000～12500	140
航天	Hyperion	美国	2001	0.4×10^6～2.5×10^6	220
	MERIS	欧洲	2002	0.39×10^6～1.04×10^6	576
	HJ-1A	中国	2008	450～950	115
	Tacsat-3	美国	2009	400～2500	>400
	天宫一号	中国	2011	400～2500	130
	珠海一号 OHS	中国	2017	400～1000	256
	PRISMA	意大利	2019	400～2500	250
	TW-1	中国	2020	450～3400	378
	ENMAP	德国	研制中	420～2450	244

研究领域，初次显示了高光谱遥感广阔的应用前景。随后，多国先后研制了多种型号的航空高光谱仪，典型的产品，如美国研制的 AVIRIS、AHI (advanced Himawari imager, Himawari 高级成像仪) 和 MAGI，澳大利亚的 HYMAP，加拿大的 CASI，芬兰的 ASIA-OWL 等。随着航空高光谱仪的成功实验和应用，20 世纪 90 代航天遥感迎来高速发展，以美国为代表的一些科技发达国家或地区在航天领域的成像光谱仪研究中取得一系列重要成果，如美国的 Hyperion、Tacsat-3，欧洲的 MERIS，意大利的 PRISMA，德国的 ENMAP 等。自 20 世纪 80 年代以来，经过几代研究人员的努力，国内高光谱技术研究始终与世界保持同步发展，先后成功研制了波段细分红外光谱扫描仪、航空热红外多光谱扫描仪 (aviation thermal infrared multispectral scanner, ATIMS) 和模块化航空成像光谱仪 (modular airborne imaging spectrometer, MAIS)，为遥感科学的发展提供了多样的技术手段。此后，推帚式高光谱成像仪 (pushbroom hyperspectral imager, PHI) 和实用型模块化成像光谱仪 (operational modular imaging spectrometer, OMIS) 等，更是在国内外得到多次应用[12,13]。

过去 30 多年间，高光谱影像 (hyperspectral image, HSI) 特征提取与处理技术随着遥感技术和计算机技术的迅猛发展也在不断取得新的突破。同时，高光谱影像也在以下方面得到广泛应用[14-17]。

(1) 军事应用。在现代军事中，看得远是导弹部队打得准的前提条件。只有看得远，才能做到“知己知彼，百战不殆”。高光谱遥感技术可以实现远距离地物观测，在目标侦察和战场环境监测方面具有重要战略意义。高光谱遥感技术能够利用探测器对目标进行远距离探测和侦察，通过对探测到的信息进行定量分析，提取目标光谱特性，实现伪装识别。同时，高光谱影像可以通过判断土壤类型、地表地貌和测量水位高低等，实现战场环境监测，为作战指挥避开地面障碍物、判断水下障碍物、选择登陆点等提供理论依据，为分析敌军火力情况和力量分布等提供情报。

(2) 环境监测。高光谱遥感影像获取的多波段、多时相、大范围的地表数据，可以对生态环境变化、生物多样性、土地覆盖范围变化等进行检测。此外，通过定量分析生态环境，可以观测是否有污染、检测污染源、检测油、检测其他物质的泄漏、检测海洋温度等。

(3) 精准农业。高光谱遥感数据包含丰富的地物光谱信息，能对农作物生长状态进行快速准确预测，实现农业智能化管理。此外，丰富的高光谱数据有利于定量分析植物的生长变化，管控有害植物物种、治理病虫害、评估污染程度，实现农业方面的有效监测。

(4)地质勘探。相比传统的人工现场地质勘察，高光谱遥感技术通过将目标区域的光谱信息与已有的光谱数据进行对比，可以实现地物的分类识别，得到不同地质的分区图和不同地物的分布图，从而绘制和更新地图。

高光谱遥感影像包含丰富的空-谱信息，如何从中提取有用的、具有表现力的信息，是遥感研究者需要重点关注的问题。高光谱影像处理主要包括分类识别、光谱解混、端元提取、异常检测和降维压缩[18-20]等。其中，分类识别是高光谱影像处理技术中的一个重要分支，也是所在领域的前沿技术[21-23]。高光谱遥感影像分类是提取和分析高光谱影像的空-谱信息，对影像中的每一个像素，根据覆盖地物类别的不同，赋予特定的类别标签[24-26]。高光谱影像分类是监测地物动态变化、提取专题信息的重要技术和手段，在空间数据库和专题地图的建立和制作中得到广泛应用，是高光谱遥感众多应用的基础。通过高分辨遥感影像的分类、识别，人们可以更加精准地描述影像包含的地物特征和属性，从而更好地为伪装识别、环境监测土地利用、交通规划管理、农作物的估产和工程勘测等领域应用服务[27-29]。由于高光谱影像自身特殊的数据特点，高光谱影像分类面临着光谱数据冗余、同物异谱、异物同谱、混合像素干扰和标签样本不足等问题[30-34]。

1.2 国内外研究现状

1.2.1 高光谱影像特征提取与分类发展现状

在过去几十年中，多种机器学习分类方法已被用于高光谱影像分类。在早期阶段，光谱和空间信息通常是分开处理的。大多数分类器都是在高维空间中分离光谱信息。例如，极限学习机(extreme learning machine, ELM)[35]、逻辑回归[36]和支持向量机(support vector machine, SVM)[37]等分类方法。然而，这些方法通常侧重光谱维度，而忽略了空间信息的分析，容易导致分类结果产生较大的误差或异常值[23,38]。为了从高光谱影像中提取空间信息，人们先后提出各种基于空间-光谱的方法，如形态轮廓(morphological profile, MP)[39]、扩展的不均匀分布轮廓[40]。此外，Gabor 滤波器[41,42]、小波[43]、扩展形态轮廓滤波器[44]和边缘保持滤波器[45]也已应用于高光谱影像分类，提取高光谱影像的纹理特征。传统的机器学习方法为高光谱影像分类研究作出了巨大贡献。然而，上述方法都是经验性的，严重依赖专业知识，致使传统机器学习方法的鲁棒性和分类准确率低于深度学习方法[46]。

与传统的特征提取技术相比，深度学习方法能够从标记数据中自动提取鲁棒性的自适应深度特征。由于深度学习强大的特征学习能力，其在高光谱影像分类研究中也得到很好的应用，并表现出优异的性能[47,48]。例如，利用递归神经网络(recurrent neural network, RNN)[49]、堆叠自动编码器(stacked autoencoder, SAE)[50]、卷积神经网络(convolutional neural network, CNN)[51,52]、生成对抗网络(generative adversarial network, GAN)[53]和Transformer[23]网络来提取高光谱影像的深层特征。

在这些方法中，基于CNN的方法已成为高光谱影像分类研究中应用最广的框架。CNN使用一组参考内核函数或内核的参数，扫描图像并生成指定的特征。它有三个主要特点。①局部连接，可以大大减少可训练参数的数量，使其适合处理大型图像。这是与全连接网络最显著的区别。全连接网络是两个相邻神经层之间的全向连接，需要训练大量的参数，对大型空间图像并不友好。②相同的卷积核共享相同的参数，进一步减少参数数量，而在传统的神经网络中，输出参数是相互独立的。③平移不变性，这意味着，CNN模型捕捉的物体特征能够从一个位置转移到另一个位置。这三个特征使CNN具备了强大的高光谱影像特征表征能力。具体来说，公共卷积层主要由三个部分组成，即线性映射、激活函数和池化函数。与其他神经网络结构类似，激活函数用于实现网络的非线性映射，修正线性单元(rectified linear unit，ReLU)是常用的激活函数。池化利用局部区域的统计特性表示指定位置的输出，但是对小目标和噪声比较敏感。在早期基于CNN的HSI分类工作中，2D卷积是应用最广泛的方法，主要用于提取空间纹理信息[54,55]，但是光谱冗余会大大增加卷积核的数量。后来，出现1D卷积和2D卷积组合[56]来解决维度冗余问题。具体来说，1D卷积和2D卷积分别负责提取光谱和空间特征，这两种类型的特征在输入分类器之前进行融合。但是，对于小样本训练问题，由于标记样本不足，CNN很难学习到有效的特征。因此，一些研究人员将传统的机器学习方法引入CNN，如属性配置文件[57]、纹理特征[58]、哈希学习[59]和马尔可夫随机[60]等，试图将先验信息引入卷积网络并改进其性能。与基于自动编码器分类方法的发展趋势类似，近年来3D CNN也被应用于HSI分类，并显示出更好的特征融合能力[61,62]。然而，由于参数较多，3D卷积并不适合解决监督学习下的小样本分类问题。为减少3D卷积的参数数量，Fang等[63]设计了一种3D可分离卷积。同时，Mou等[64]将自动编码器方案引入3D卷积模块以解决此问题。这种方法通过与经典的自动编码器训练方法相结合，可以以无监督学习的方式训练 3D 卷积自动编码器，然后用分类器代替解码器，同时冻结编码器的参数，最后通过监督学习训练一个小分类器。此外，由于残差网络的成功[65]，人们还研究了基于卷积残差的 HSI 分类问题[66-68]。这些方法尝试使用跳转连接，使网络能够通过少量标记样本学习复杂特征。与此同时，具有密集连接的 CNN(DenseNet)也被引入 CNN[68,69]。另外，注意力机制成为充分挖掘样本特征的另一个热点。Haut 等[70]和 Xiong 等[71]将注意力机制与 CNN 结合起来用于 HSI 分类。尽管上述模型可以很好地处理 HSI，但是它们无法克服 HSI 空间分辨率低的缺点，这可能导致混合像素。为了弥补这一缺陷，学界提出多模态 CNN 模型[72-74]。这类方法将 HSI 和激光雷达数据结合在一起，提高样本特征的可分辨性。为了在小样本场景下获得良好的性能，Yu 等[52]通过旋转和翻转来增加数据，从而扩大训练集。一方面，该方法可以增加样本数量，提高样本的多样性。另一方面，该方法可以增强模型的旋转不变性，这在遥感等领域具有重要意义。随后，Li 等[75]和 Wei 等[76]设计了 HSI 分类的数据扩充方案。他们成对组合样本，这样模型就不再学习样本本身的特征，而是学习样本之间的差异。同时，不同的组合使训练集的规模更大，更有利于模型训练。

然而，深度 CNN 方法也存在一些局限性。首先，深度 CNN 结构复杂，需要更高的计算能力。其次，由于对标记样本的需求，大多数 CNN 并不适合使用有限的标记样本进行分类。最重要的是，上述深度学习方法是针对欧几里得数据设计的，容易忽略高光谱影像覆盖类型之间的语义相关性[17,35,66,77]。

近年来，GAN 开始用于 HSI 分类，以缓解标记样本有限的问题。Zhan 等[78]首次将使用 1D 谱向量作为输入的半监督 GAN 应用于高光谱影像分类。He 等[79]构建了一个基于 3D 双边滤波的 GAN 框架提高空间感知能力，但是方法仅保留了原始数据前三个主成分作为模型的输入，使光谱特征利用不充分。Zhong 等[80]设计了一种具有条件随机场的半监督 GAN，将 softmax 预测视为 HSI 的条件概率来细化分类图。为了增强有意义的语义上下文，Wang 等[81]建立了一种自适应 GAN，以稳定模型的训练状态。

虽然这些基于 GAN 的方法在同期基准上取得了令人满意的性能，但是应用于 HSI 分类仍有两个问题需要解决。一个问题是 GAN 的模式崩溃。GAN 网络生成器通过从有限的标记数据分布学习特征生成数据欺骗鉴别器[82]。HSI 的窄波冗余频谱特征限制了 GAN 的表达能力，并导致生成数据与原数据之间存在重大差异。另一个问题是空-谱特征是复杂且低可描述的。当空-谱特征的提取受到干扰像素的影响时，分类性能会急剧恶化。因此，很难保证 GAN

始终朝着 HSI 的真实分布工作，特别是在高维光谱特征或纹理相关背景下。

变换器(transformer)能利用自注意力(self-attention, SA)机制绘制输入序列中的全局依赖关系，在自然语言处理(natural language processing, NLP)中得到成功应用。最近，一些基于变换器的模型被用于图像处理。Sui 等[82]提出一种对图像块序列进行分类的变换器，称为视觉变换器(vision transformer, ViT)，并证明其在视觉任务中不需要依赖 CNN。Carion 等[83]提出一种新方法，将对象检测视为一个直接集预测问题，称为检测变换器(detection transformer, DETR)。该方法根据对象和全局图像上下文的关系，直接并行输出最终的预测集。这些变换器的成功应用让研究者思考是否将高光谱影像转换为序列进行特征提取。Hong 等[14]提出一种新的基于变换器顺序透视的骨干网络频谱变换器，可以适应像素和小块输入。Yu 等[84]将多级频谱-空间变换器网络(multilevel spectral-spatial transformer network, MSTNet)用于高光谱影像分类。从现有研究成果来看，变换器在高光谱影像分类领域的研究还处于起步阶段，与最新的深度学习方法相比，在分类精度和运算效率方面优势不明显，应用前景还有待观察。另外，变换器没有摆脱训练过程对标签数据的依赖，当前基于变换器的高光谱影像分类方法都是借鉴其他领域的现成方法，没有针对高光谱影像特点进行设计。

不管是传统机器学习方法，还是深度学习方法，在高光谱分类中都面临一定的局限性。为此，必须探索更符合高光谱遥感影像数据特点的分类方法。随着图神经网络(graph neural network, GNN)在非欧几里得数据中应用的兴起，人们发现 GNN 非常适合高光谱影像处理。

1.2.2 图神经网络高光谱影像特征提取与分类发展现状

为了克服深度学习方法在高光谱图像分类中的缺点，GNN 受到越来越多的关注。GNN 是一种半监督框架，可以对非欧几里得数据执行卷积运算[85-90]。高光谱图像分类与 GNN 的结合是当前研究的热点之一，具体原因如下[85,91-95]：一是，GNN 方法能够学习节点与节点的相互关系，对标签样本数量要求不高；二是，GNN 能够自动对节点的特征信号(光谱信号)进行学习和处理，对于具有高维频谱数据的高光谱图像处理，GNN 具有 CNN 不具有的天然优势；三是，GNN 和机器学习方法的组合使用，能够很好地区分覆盖地物的轮廓，提高分类精度。Qin 等[96]提出一种用于高光谱分类的半监督图卷积网络(graph convolutional network, GCN)方法。该方法将高光谱图像中的每个像素视为一个节点。随后，采用 GCN 对图形进行处理。但是，GCN 计算复杂，为了降低

GCN 的计算成本，Hong 等[97]提出一种 miniGCN，旨在利用小批量小样本训练提高 GCN 的运算速度。Sha 等[98]引入图形注意机制代替 GCN，减少运算量。然而，上述方法都将像素作为图节点，其计算复杂，应用受到限制。为克服这一缺陷，出现许多超像素 GCN 方法。例如，Wan 等[33]将超像素引入 GCN，大大减少了节点数量和计算量。随后，不同的基于超像素的 GNN 开始出现。本书提出一种用于高光谱图像分类的多尺度图样本和聚合网络(graph sample and aggregate network，GraphSAGE)[30]。这种方法采用分割方法减少节点数量，利用空域图神经网络方法降低网络本身的计算复杂度。采用图神经网络进行高光谱分类，在小的训练标签条件下，可以实现较高的分类精度。然而，上述方法依然属于半监督方法，没有从根本上解决训练过程对标签数据的依赖问题。为了解决这个问题，有学者提出无监督方法对高光谱影像进行聚类。例如，Cai 等[28]提出了一种图正则化剩余子空间聚类网络(graph regularized residual subspace clustering network，GR-RSCNet)用于高光谱影像聚类。该网络通过深度神经网络联合学习深度谱空间表示，具有鲁棒非线性表征能力。然而，该方法将每个像素作为图节点，因此运算较为复杂。为解决这个问题，Cai 等[99]进一步提出一种用于大型高光谱图像无监督分类的邻域对比子空间聚类网络。该网络利用超像素可以很好地降低计算复杂度和时间、内存消耗，提高无监督聚类的高光谱影像的分类精度。目前，高光谱分类和 GCN 结合还处于探索、发展阶段，参考文献相对较少[88,100-102]。

虽然 GNN 推动了高光谱影像分类技术的发展，但是图神经网络高光谱影像分类依然面临以下几方面的主要问题[77,103-107]。

(1) GCN 方法采用谱聚合，需要对每个节点进行傅里叶变换，导致计算复杂，对计算资源消耗很大，这在很大程度上限制了基于图神经网络高光谱影像分类方法的实用性。另外，基于 GCN 的聚合方法不能很好地聚合新节点，这限制了网络对于空间信息的利用，在一定程度上限制了分类方法的分类精度。

(2) 为降低方法计算复杂度，必须减少图节点数量。因此，利用超像素方法对高光谱影像进行预处理。然而，这种方法会忽略高光谱影像预处理对分类精度的影响，即大多数将超像素作为图节点，基于图神经网络的高光谱影像分类方法都会忽略像素级空-谱特征。具体而言，超像素中的像素被视为同一分类标签，这与实际情况是不符的，超像素机制可能会导致超像素中单个像素的分类错误。

(3) GCN 方法使用的频谱滤波器无法有效抑制噪声，对于具有相似频谱特征的类别或异物同谱分类效果不理想，会限制方法分类精度的提高。

(4)大多数针对高光谱影像分类开发的基于 GNN 的方法仅采用单一滤波器，这导致方法在处理高光谱影像中对光谱可变性、高维特征提取和不同数据集分类存在适应性差的问题。

(5)现有的图神经网络高光谱影像方法虽能够利用很少的样本对高光谱影像进行分类，但都没有解决标签数据依赖问题，这在一定程度上限制了 GNN 方法在高光谱影像分类中的实用性。

1.3 图神经网络综述

1.3.1 图神经网络发展历史

Sperduti 等[108]首次将神经网络应用于有向无环图，激发了人们对 GNN 的早期研究。GNN 的概念最初由 Gori 等[109]于 2005 年进行介绍，并由 Scarselli 等[110]和 Gallicchio 等[111]进一步发展。这些早期递归图神经网络(recursive graph neural network, RecGNN)通过迭代来传播邻居节点信息，对目标节点的特征进行学习，直到稳定的均衡点。这种方式具有很高的计算成本，直到现在人们仍在努力解决这个问题[112,113]。

受 CNN 在计算机视觉领域成功应用的鼓舞，大量新的图形数据卷积概念开始出现，并产生了许多新的 GCN。GCN 分为两大主流，即基于频谱的方法和基于空间的方法。Bruna 等[114]基于谱图论提出第一个基于光谱的 GCN。基于光谱的 GCN 直接对节点光谱特征进行处理，更加符合信号处理需求[115-118]，因此迅速得到高度的重视和发展。然而，基于空间的 GCN 研究要比基于频谱的 GCN 起步更早一些。2009 年，Micheli 等[119]在继承 RecGNN 消息传递思想的基础上，首次通过架构复合非递归层解决了图的相互依赖性问题。然而，这项工作在当时并没有得到充分重视。直到近年，由于众多基于空间的 GCN 的提出，人们才认识到其真正的意义[120-122]。

1.3.2 图神经网络与网络嵌入

网络嵌入是机器学习和数据挖掘中一个值得深入研究的课题[123-126]。网络嵌入旨在利用低维向量表示网络节点，同时保留节点特征信息和网络拓扑结构用于图形分析任务(如聚类、分类)。GNN 是一种深度学习模型，其目的是以端到端的训练方式提取图的深度特征信息，对图形相关任务进行处理。网络嵌入与 GNN 的主要区别是网络嵌入包括针对同一任务的不同方法，而 GNN 是针对不同目标任务设计的多种神经网络架构。因此，GNN 可以通过图形自动编码器框架解决网络嵌入问题。另一方面，其他非深度学习方法也包含在网络嵌入中，如矩阵分解[127,128]和随机游走[129]。

1.3.3 图神经网络与图核方法

GNN 与图核方法是解决图分类问题的重要技术[130-132]。图核方法利用核函数度量不同图之间的相似性。与 GNN 类似，图形内核通过映射函数将图形或节点嵌入不同的向量空间，因此基于核函数的方法(如 SVM)可以用于监督学习。与图核方法不同，GNN 是可训练、可学习的，而图核方法映射函数是不可学习的、不确定的。由于采用成对的相似度计算，图核方法存在明显的计算瓶颈。GNN 直接从图中学习特征表示再执行图分类，比图核方法的效率更高[133]。

1.3.4 图神经网络主要模型

1. 谱域图卷积

基于频谱的图卷积方法在图形信号处理中具有坚实的数学基础[134-136]。该方法假设图是无向的。假设图 $\mathcal{G}=(v,\xi,\boldsymbol{A})$，$v$ 表示顶点集 $|v|=N$，ξ 表示边集，$\boldsymbol{A}\in\mathbf{R}^{N\times N}$ 是图的邻接矩阵。如果在顶点 i 和顶点 j 之间存在边，则用 a_{ij} 表示边的权重。给定 $\boldsymbol{A}$ 后，创建对应的图拉普拉斯矩阵 $\boldsymbol{L}$，表示为

$$\boldsymbol{L}=\boldsymbol{D}-\boldsymbol{A} \tag{1.1}$$

其中，$\boldsymbol{D}$ 为图的度矩阵。

式(1.1)对应的对称归一化拉普拉斯矩阵 $\boldsymbol{L}_{\text{sym}}$ 可以表示为

$$\begin{aligned}\boldsymbol{L}_{\text{sym}}&=\boldsymbol{D}^{-\frac{1}{2}}\boldsymbol{L}\boldsymbol{D}^{-\frac{1}{2}}\\&=\boldsymbol{I}_N-\boldsymbol{D}^{-\frac{1}{2}}\boldsymbol{L}\boldsymbol{D}^{-\frac{1}{2}}\end{aligned} \tag{1.2}$$

其中，$\boldsymbol{I}_N$ 为单位矩阵。

利用卷积定理，给定两个函数 f 和 g，则它们的卷积可表示为

$$f(t)*g(t)\overset{\text{def}}{=}\int_{-\infty}^{\infty}f(\tau)g(t-\tau)\mathrm{d}\tau \tag{1.3}$$

其中，τ 为移动距离；$*$ 为卷积操作。

定理 1 两个函数 f 和 g 卷积的傅里叶变换是其相应傅里叶变换的乘积，可以表示为

$$\mathcal{F}[f(t)*g(t)]=\mathcal{F}[f(t)]\cdot\mathcal{F}[g(t)] \tag{1.4}$$

其中，$\mathcal{F}$ 和 $\cdot$ 为傅里叶变换和点乘。

定理 2 两个函数 f 和 g 卷积的傅里叶逆变换（$\mathcal{F}^{-1}$）等于 2π 倍相应的傅里叶逆变换乘积，即

$$\mathcal{F}^{-1}[f(t)*g(t)]=2\pi\mathcal{F}^{-1}[f(t)]\cdot\mathcal{F}^{-1}[g(t)] \tag{1.5}$$

根据卷积定理可以将式(1.3)转换为

$$f(t)*g(t)\stackrel{\text{def}}{=}\mathcal{F}^{-1}\{\mathcal{F}[f(t)]\cdot\mathcal{F}[g(t)]\} \tag{1.6}$$

因此，对图进行卷积运算可以转换为傅立叶变换 $\mathcal{F}$ 或找到一组基函数。图形傅里叶变换将输入图形信号投影到正交空间,其中基由归一化图形拉普拉斯算子的特征向量构成。

引理 1 $\mathcal{F}$ 的基函数可以等效为 $\boldsymbol{L}$ 的一组特征向量来表示。

证明： 对于在定义域中不收敛的函数 $y(t)$，总能找到一个实值指数函数 $\mathrm{e}^{-\sigma t}$ 使 $y(t)\mathrm{e}^{-\sigma t}$ 收敛，所以 $\mathcal{F}$ 满足狄利克雷判别条件，即

$$\int_{-\infty}^{\infty}\left|y(t)\mathrm{e}^{-\sigma t}\right|\mathrm{d}t<\infty \tag{1.7}$$

$y(t)\mathrm{e}^{-\sigma t}$ 可以用傅里叶变换表示为

$$\begin{aligned}\mathcal{F}\left[y(t)\mathrm{e}^{-\sigma t}\right]&=\int_{-\infty}^{\infty}y(t)\mathrm{e}^{-\sigma t}\mathrm{e}^{-2\pi\mathrm{i}t}\mathrm{d}t\\&=\int_{-\infty}^{\infty}y(t)\mathrm{e}^{-st}\mathrm{d}t\end{aligned} \tag{1.8}$$

其中，$s=\sigma+2\pi\mathrm{i}$。

式(1.8)就是拉普拉斯变换，也就是说不同的 $\mathcal{F}$ 的基函数 $\boldsymbol{L}$ 的特征向量是相同的。根据引理 1，对 $\boldsymbol{L}$ 进行谱分解，可得

$$\begin{aligned} \boldsymbol{L} &= \boldsymbol{U}\boldsymbol{\Lambda}\boldsymbol{U}^{-1} \\ &= \boldsymbol{U}\mathrm{diag}\left[\lambda_1,\lambda_2,\cdots,\lambda_n\right]\boldsymbol{U}^{\mathrm{T}} \\ &= \sum_{n=1}^{N}\lambda_n\boldsymbol{u}_n\boldsymbol{u}_n^{\mathrm{T}} \end{aligned} \tag{1.9}$$

其中，$\boldsymbol{U}=(\boldsymbol{u}_1,\boldsymbol{u}_2,\cdots,\boldsymbol{u}_n)$ 为 $\boldsymbol{L}$ 的特征向量集，即 $\mathcal{F}$ 的基；由于 $\boldsymbol{U}$ 是正交矩阵，即 $\boldsymbol{U}\boldsymbol{U}^{\mathrm{T}}=\boldsymbol{E}$ ； λ_n 为特征值。

根据式(1.9)，函数 f 的 $\mathcal{F}$ 变换可表示为 $\mathcal{GF}[f]=\boldsymbol{U}^{\mathrm{T}}f$ ，逆变换可表示为 $f=\boldsymbol{U}\mathcal{G}F[f]$，则函数 f 和 g 的卷积可表示为

$$\mathcal{G}[f*g]=\boldsymbol{U}\left\{\left[\boldsymbol{U}^{\mathrm{T}}f\right]\cdot\left[\boldsymbol{U}^{\mathrm{T}}g\right]\right\} \tag{1.10}$$

如果将 $\boldsymbol{U}^{\mathrm{T}}g$ 写为 g_θ，那么图上的卷积最终可以表示为

$$\mathcal{G}\left[f*g_\theta\right]=\boldsymbol{U}g_\theta\boldsymbol{U}^{\mathrm{T}}f \tag{1.11}$$

其中，g_θ 为图神经网络的滤波器，可以视为 $\boldsymbol{L}$ 的特征值(Λ)相对于变量 θ 的函数，即 $g_\theta(\Lambda)$。

式(1.11)定义了基于频谱的 GNN，可以通过选择不同的滤波器设计不同的频谱 GNN。

频谱 GCNN[52]认为滤波器 $g_\theta=\Theta_{i,j}^{(k)}$ 是一组可学习的参数，图形信号有多个通道。频谱图卷积层定义为

$$\boldsymbol{H}_{:,j}^{(k)}=\sigma\left(\sum_{i=1}^{f_{k-1}}\boldsymbol{U}\Theta_{i,j}^{(k)}\boldsymbol{U}^{\mathrm{T}}\boldsymbol{H}_{:,j}^{(k-1)}\right),\quad j=1,2,\cdots,f_k \tag{1.12}$$

其中，k 为层索引；$\boldsymbol{H}^{(k-1)}\in\mathbf{R}^{n\times f_{k-1}}$ 为输入图形信号，$\boldsymbol{H}^{(0)}=\boldsymbol{X}$ ； f_{k-1} 为输入通道的数量； f_k 为输出通道的数量； $\Theta_{i,j}^{(k)}$ 为含有可学习参数的对角矩阵。

由于采用拉普拉斯矩阵的特征分解，谱域图卷积存在三个方面的缺点。首先，对图的任何扰动都会导致特征基的变化。其次，学习到的滤波器不能应用于具有不同结构的图。再次，特征分解计算复杂。在后续工作中，ChebNet[116]和 GCN[117]可通过一些近似和简化来降低计算复杂度。

ChebNet 通过特征值对角矩阵的切比雪夫多项式逼近滤波器 g_θ ，即

$g_\theta = \sum_{i=0}^{K} \theta_i T_i(\tilde{\Lambda})$ ，其中 $\tilde{\Lambda} = 2\Lambda / \lambda_{\max} - I_N$ ， $\tilde{\Lambda} \in [-1,1]$ 。切比雪夫多项式由 $T_i(\boldsymbol{X}) = 2\boldsymbol{X}T_{i-1}(\boldsymbol{X}) - T_{i-2}(\boldsymbol{X})$ 递归定义，其中 $T_0(\boldsymbol{X}) = 1$ 和 $T_1(\boldsymbol{X}) = \boldsymbol{X}$ 。因此，图形信号 $\boldsymbol{X}$ 与定义的滤波器 g_θ 的卷积为

$$\mathcal{G}[\boldsymbol{X} * g_\theta] = \boldsymbol{U}\left(\sum_{i=0}^{K} \theta_i T_i(\tilde{\boldsymbol{\Lambda}})\right)\boldsymbol{U}^{\mathrm{T}}\boldsymbol{X} \tag{1.13}$$

当 $T_i(\tilde{\boldsymbol{L}}) = \boldsymbol{U}T_i(\tilde{\boldsymbol{\Lambda}})\boldsymbol{U}^{\mathrm{T}}$ 时，式中 $\tilde{\boldsymbol{L}} = 2\boldsymbol{L}/\lambda_{\max} - \boldsymbol{I}_N$ ，ChebNet 可表示为

$$\mathcal{G}[\boldsymbol{X} * g_\theta] = \sum_{i=0}^{K} \theta_i T_i(\tilde{\boldsymbol{L}})\boldsymbol{X} \tag{1.14}$$

ChebNet 在空间域对滤波器进行局部化，可以提取更多的图的局部特征。CayleyNet[118]进一步应用 Cayley 多项式，利用有理复函数参数提取低频信息。CayleyNet 的谱图卷积定义为

$$\mathcal{G}[\boldsymbol{X} * g_\theta] = c_0\boldsymbol{X} + 2\mathrm{Re}\left[\sum_{j=1}^{r} c_j (h\boldsymbol{L} - \mathrm{i}\boldsymbol{I})^j \left(\sqrt{\boldsymbol{L}} + \mathrm{i}\boldsymbol{I}\right)^{-j} \boldsymbol{X}\right] \tag{1.15}$$

其中， c_j 为复系数； c_0 为实系数； h 为控制 Cayley 滤波器频谱的参数。

CayleyNet 依然保持空间局部性，式(1.15)表明 ChebNet 可以看作 CayleyNet 的一个特例。

GCN 引入 ChebNet 的一阶近似。假设 $K = 1$ 和 $\lambda_{\max} = 2$ ，式(1.15)可以简化为

$$\mathcal{G}[\boldsymbol{X} * g_\theta] = \theta_0\boldsymbol{X} - \theta_1\boldsymbol{D}^{-\frac{1}{2}}\boldsymbol{A}\boldsymbol{D}^{-\frac{1}{2}}\boldsymbol{X} \tag{1.16}$$

为了限制参数数量并避免过度拟合，GCN 进一步假设 $\theta = \theta_0 = \theta_1$ ，定义图卷积简化为

$$\mathcal{G}[\boldsymbol{X} * g_\theta] = \left(\boldsymbol{I}_N + \boldsymbol{D}^{-\frac{1}{2}}\boldsymbol{A}\boldsymbol{D}^{-\frac{1}{2}}\right)\boldsymbol{X} \tag{1.17}$$

为了允许多通道输入和输出，GCN 将式(1.17)修改为

$$\boldsymbol{H} = \mathcal{G}[\boldsymbol{X} * g_\theta] = \sigma(\bar{\boldsymbol{A}}\boldsymbol{X}\boldsymbol{\Theta}) \tag{1.18}$$

其中，$\bar{\boldsymbol{A}}=\boldsymbol{I}_N+\boldsymbol{D}^{-\frac{1}{2}}\boldsymbol{A}\boldsymbol{D}^{-\frac{1}{2}}$；$\sigma(\cdot)$为激活函数。

使用$\boldsymbol{I}_N+\boldsymbol{D}^{-\frac{1}{2}}\boldsymbol{A}\boldsymbol{D}^{-\frac{1}{2}}$将导致GCN的数值不稳定。为了解决这个问题，GCN采用一种标准化策略，用$\bar{\boldsymbol{A}}=\tilde{\boldsymbol{D}}^{-\frac{1}{2}}\tilde{\boldsymbol{A}}\tilde{\boldsymbol{D}}^{-\frac{1}{2}}$替换$\boldsymbol{I}_N+\boldsymbol{D}^{-\frac{1}{2}}\boldsymbol{A}\boldsymbol{D}^{-\frac{1}{2}}$，其中$\tilde{\boldsymbol{A}}=\boldsymbol{A}+\boldsymbol{I}_N$，$\tilde{\boldsymbol{D}}_{ii}=\sum_j \tilde{\boldsymbol{A}}_{ij}$。GCN的传递函数可表示为

$$\boldsymbol{H}^{(l+1)}=\sigma\left(\tilde{\boldsymbol{D}}^{-\frac{1}{2}}\tilde{\boldsymbol{A}}\tilde{\boldsymbol{D}}^{-\frac{1}{2}}\boldsymbol{H}^{(l)}\boldsymbol{W}^{(l)}\right) \tag{1.19}$$

其中，$\boldsymbol{H}^{(l)}$为第l层输出；$\sigma(\cdot)$为激活函数；$\boldsymbol{W}^{(l)}$为待学习系数。

2. 空域图卷积

与传统CNN对图像的卷积运算类似，空域图卷积是基于图中节点与节点之间空间关系定义的卷积。从这个意义上说，可以用图像中的每个像素代表一个图节点，如图1.2(a)所示。图像也可以看作图形形式的一种，其邻居可由滤波器大小决定。图像中的节点是有序的，大小是固定的，2D卷积的原理就是对深色节点及其相邻节点的像素值进行加权平均值，实质就是将滤波器应用于3×3像素块。类似地，基于空域的图卷积是对中心节点与其邻居进行卷积，从而实现中心节点表示更新，如图1.2(b)所示。为了得到深色节点的隐藏表示，如同2D卷积一样，图卷积运算可以简单地对深色节点及其邻居节点的节点特征求均值。与规则的图像数据不同，节点的邻域是可变且无序的。从另一个角度看，基于空间的CNN与空域图卷积具有相同的信息传播/消息传递思想。空域图卷积运算本质上是沿着边来传播图节点信息。

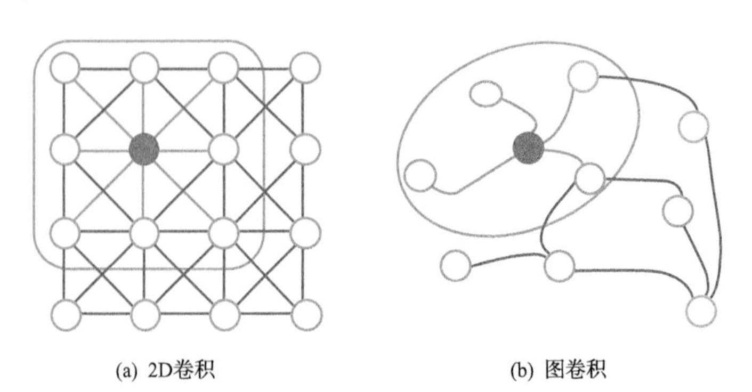

(a) 2D卷积　　(b) 图卷积

图1.2　卷积和图卷积原理示意图

图注意力网络(graph attention network, GAT)[137]假设相邻节点对中心节点的贡献，既不同于 GraphSAGE[138]，也不像 GCN。GAT 采用注意力机制学习两个连接节点之间的相对权重。根据 GAT 的图卷积运算定义，可得

$$\boldsymbol{h}_v^{(k)} = \sigma\left(\sum_{u\in\mathcal{N}(v)\cup v} \alpha_{vu}^{(k)} \boldsymbol{W}^{(k)} \boldsymbol{h}_u^{(k-1)}\right) \tag{1.20}$$

其中，$\boldsymbol{h}_v^{(0)} = x_v$；测量节点 v 与其邻居之间的连接强度，即

$$\alpha_{vu}^{(k)} = \text{softmax}\left\{\sigma\left[\boldsymbol{a}^{\mathrm{T}}\left(\boldsymbol{W}^{(k)}\boldsymbol{h}_v^{(k-1)} \middle\| \boldsymbol{W}^{(k)}\boldsymbol{h}_u^{(k-1)}\right)\right]\right\} \tag{1.21}$$

其中，$\sigma(\bullet)$为 LeakyReLU 激活函数；$\boldsymbol{a}$ 为可学习参数向量。

为增加模型的特征表达能力，GAT 采用多头注意。但是，GAT 假设每个注意头的贡献是相等的，而门控注意力网络(gated attention network, GAN)[139]引入一种自我注意机制，为每个注意头计算额外的注意分数。除了以上在空间应用图形注意，GeniePath 提出一种类似长短期记忆(long short-term memory, LSTM)网络的选通机制控制图形卷积层之间的信息流[140]。

1.4 评 价 指 标

为了评价本书所提方法的性能，实验主要采用总体精度(overall accuracy, OA)、每类精度(personal accuracy, PA)、平均精度(average accuracy, AA)、Kappa 系数(κ)、归一化互信息(normalized mutual information, NMI)和调整兰德指数(adjusted Rand index, ARI)作为评估指标来评估研究方法的性能。首先是误差矩阵，可表示为

$$M = \begin{bmatrix} m_{11} & m_{12} & \cdots & m_{1C} \\ m_{21} & m_{22} & \cdots & m_{2C} \\ \vdots & \vdots & & \vdots \\ m_{C1} & m_{C2} & \cdots & m_{CC} \end{bmatrix} \tag{1.22}$$

其中，m_{ij} 为第 $i(i=1,2,\cdots,C)$ 类样本被识别为 $j(j=1,2,\cdots,C)$ 类的样本个数；C 为影像中的类别数目。

总体精度指计算所有影像中被正确分类的样本数与影像中总样本数的比值，可表示为

$$\mathrm{OA}=\frac{\sum_{i=1}^{C} m_{ii}}{N} \tag{1.23}$$

其中，N 为影像中的样本个数。

每类精度指计算影像中每类被正确分类样本数与每类总样本个数的比值，可表示为

$$\mathrm{PA}=\frac{m_{ii}}{N_i} \tag{1.24}$$

其中，N_i 为影像中第 i 类的样本个数。

平均精度指计算影像中各类别精度的均值，可表示为

$$\mathrm{AA}=\frac{\sum_{i=1}^{C} \frac{m_{ii}}{N_i}}{C} \tag{1.25}$$

Kappa 系数指影像分类后结果与标准图的相似度，表示为

$$\kappa=\frac{N\sum_{i=1}^{C} m_{ii}-\sum_{i=1}^{C} m_{i+}m_{+i}}{N^2-\sum_{i=1}^{C} m_{i+}m_{+i}} \tag{1.26}$$

其中，m_{i+} 和 m_{+i} 为式(1.22)的第 i 行和第 i 列。

归一化互信息通常用于衡量两个聚类结果 A 和 B 的相似性，即

$$\mathrm{NMI}(A,B)=\frac{I(A,B)}{\sqrt{H(A)H(B)}} \tag{1.27}$$

其中，$H(A)$ 和 $H(B)$ 为 A 和 B 的信息熵；$I(A,B)=H(A)-H(A|B)=H(B)-H(B|A)$ 为 A 和 B 的互信息。

显然，如果 A 和 B 彼此独立，则 NMI=0；如果 A 与 B 相同，则 NMI=1。

调整兰德指数表示聚类结果和基本真值之间的相似性，可以定义为

$$\mathrm{ARI}=\frac{\mathrm{RI}-E[\mathrm{RI}]}{\max(\mathrm{RI})-E[\mathrm{RI}]},\quad \mathrm{RI}=a+b\Big/C_2^{n_{\text{samples}}} \tag{1.28}$$

其中，RI 为原始兰德指数，用C表示实际的类别划分；a为聚类结果中被划分为同一簇的实例对数量；b为聚类结果中被划分为不同簇的实例对数量；$C_2^{n_{\text{samples}}}$为所有可能的样本组合；$\text{ARI} \in [-1,1]$。

1.5 研 究 内 容

本书针对当前高光谱影像特征提取和分类中存在的问题，将图神经网络与高光谱影像结合，关注图分类方法原理和机制，探索利用半监督和无监督方法，提出多种基于 GNN 的高光谱遥感影像的分类方法，实现高光谱遥感影像空-谱深层特征提取，解决高光谱遥感影像特征提取和分类存在的现实问题，并提高分类精度。本书主要研究内容如图 1.3 所示。

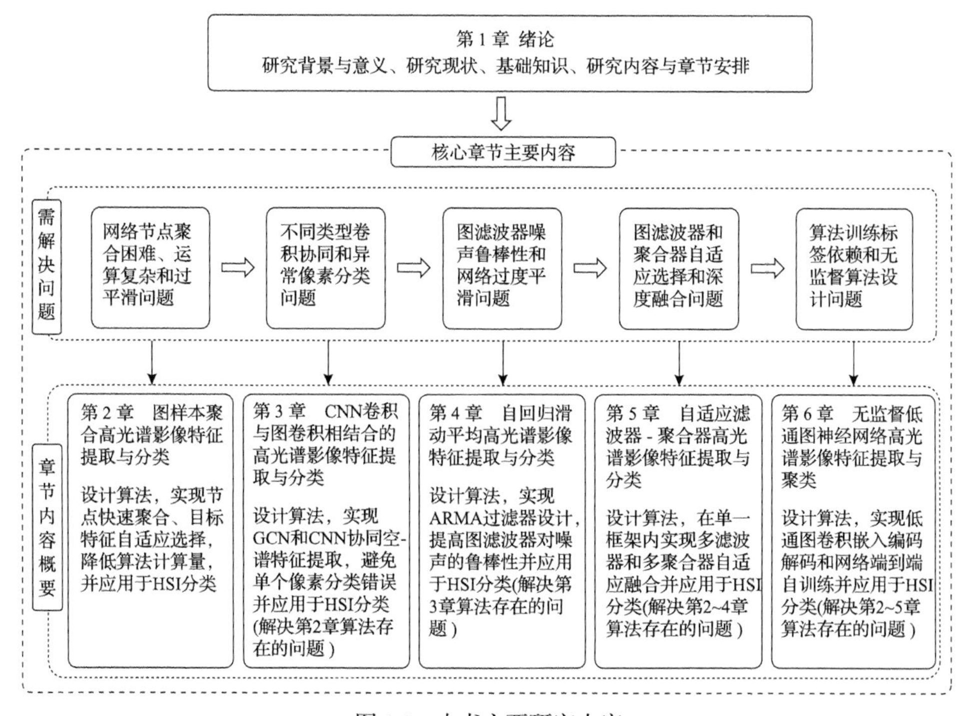

图 1.3　本书主要研究内容

1. 图样本聚合高光谱影像特征提取与分类

针对 GCN 计算量巨大、易过度平滑、新节点聚合困难和不同分类目标任务特征自动提取问题，提出一种基于上下文感知学习的多尺度图样本聚合网络(multiscale graph sample and aggregate network with context-aware learning,

MSAGE-CAL）高光谱影像分类方法。首先，该方法采用 GraphSAGE 从局部区域图中学习多尺度特征，提高网络输入信息的多样性，可以有效解决原始输入图错误对分类的影响。其次，使用上下文感知机制描述空间相邻区域之间的重要性，通过聚焦重要的空间目标，自动学习图形的深层上下文和全局信息。最后，根据分类对象的不同进行网络训练，自动重构图形结构，可以有效减少初始图形误差对分类结果的影响。

2. CNN 卷积与图卷积相结合的高光谱影像特征提取与分类

针对 GNN 与 CNN 融合问题、超像素影像预处理导致单个像素分类错误问题，提出一种多尺度融合的图神经网络和卷积神经网络相结合的（multi-feature fusion graph neural network and CNN combining，MFGCN）高光谱影像分类方法。首先，采用超像素分割方法对高光谱影像进行图像预处理，设计多尺度 GCN 机制，从高光谱影像中提取多尺度空间特征。这样可以降低所提方法的计算量，缓解标签样本缺乏问题。其次，将 3D CNN 分解为 1D CNN 和 2D CNN。其中，1D CNN 用于从高光谱影像中提取超像素的光谱特征，并作为后续多尺度 2D CNN 的特征提取网络输入。这个策略可以解决超像素特征提取问题，并将 GCN 和 CNN 两个分支网络集成到一个整体。再次，为了提取多尺度局部空间特征，提出多尺度 CNN，即 3×3 和 5×5 卷积核，用于从高光谱影像中提取像素级的多尺度局部特征。最后，采用级联操作，融合四个分支的多尺度特征。

3. 自回归滑动平均高光谱影像特征提取与分类

针对 GCN 计算成本高、频谱滤波器无法有效抑制噪声和容易出现过度平滑问题，提出一种基于自回归滑动平均（auto-regressive moving average，ARMA）滤波器和上下文感知学习的半监督局部特征保持稠密 GNN（semi-supervised locality preserving dense graph neural network with ARMA filters and context aware learning）方法，称为 DARMA-CAL 方法。在这项工作中，使用 ARMA 滤波器来代替 GCN 中的频谱滤波器。ARMA 滤波器能较好地捕捉全局图结构，对噪声具有较强的鲁棒性。更重要的是，与频谱滤波器相比，ARMA 滤波器可以简化计算。其次，还证明 ARMA 滤波器可以用递归方法进行逼近，在此基础上提出一种基于 ARMA 滤波器的 DARMA。这不但在原理上实现了 ARMA 滤波器，而且具有局部特征保持性。最后，设计了一种分层上下文感知学习机制，用以提取 DARMA 网络每层有用局部信息。

4. 自适应滤波器-聚合器高光谱影像特征提取与分类

针对多图滤波器和聚合器自适应选择和融合问题，提出一种基于自适应滤波器和聚合器融合的图卷积方法。首先，采用超像素分割策略从原始高光谱影像中提取局部空间特征，引入两层 1D CNN 生成像素级的超像素光谱特征，自动转换光谱特征。其次，介绍一种自适应滤波机制，提出一个线性函数组合不同的滤波器。该方法可以训练不同的滤波器权重矩阵来确定不同滤波器对分类的重要性。再次，提出一种聚合器融合机制，其中定义了度定标器来组合多个滤波器，捕获和利用图结构信息。最后，受消息传递神经网络(messages passing neural network，MPNN)结构的启发，提出具有自适应滤波器和聚合器融合的图卷积(graph convolution with adaptive filters and aggregator fusion，AF2GNN)方法，在单个网络中实现自适应滤波器与聚合器的融合机制。

5. 无监督低通图神经网络高光谱影像特征提取与聚类

针对图神经网络高光谱影像分类方法训练标签数据依赖问题，提出一种自监督低通图卷积嵌入的大规模局部特征保留图卷积聚类(locality preserving graph convolution clustering，LGCC)方法。首先，采用像素到区域的变换来细化高光谱影像的局部空间光谱信息，并减少图节点的数量。其次，设计一种低通图卷积嵌入式自动编码器，通过训练内积解码器重构图来学习图的隐藏表示。通过使用低通图卷积，LGCC 方法可以学习到更平滑的图紧凑表示，用于后续的聚类，提高聚类精度。再次，设计一种自训练聚类机制来细化聚类结果，提出由图嵌入生成的软标签来监督自训练聚类过程。在 LGCC 方法中，基于低通图卷积的自动编码器模块和自训练聚类模块被联合集成到单个网络中，可以实现两个模块的相互作用。

第 2 章　图样本聚合高光谱影像特征提取与分类

2.1　引　　言

在过去的几十年中，传统的机器学习方法[141]，例如 SVM[142]、随机森林[143]和 k 最近邻（k-nearest neighbor，KNN）[144]已经在高光谱影像分类中取得巨大的成功。然而，传统的机器学习方法在很大程度上取决于人的专业知识，特征提取不充分，分类精度有待提高[145]。受深度学习技术在图像处理成功应用的启发，深度学习已经应用于 HSI 分类。深度学习的主要优点是能够自动学习图像的有效特征表示，从而避免复杂的手工特征提取过程。尽管 CNN 等深度学习方法取得良好的效果，但是仍存在一些问题。首先，CNN 方法需要大量的标签对网络进行训练，这是 CNN 在实际应用中的最大障碍。其次，CNN 卷积核只能作用于欧几里得数据，不能自适应地捕获高光谱影像中不同目标区域的几何变化。最后，CNN 卷积核的权重是固定的，因此在特征提取过程中会出现边缘缺失，导致误分类现象[146]。

相较而言，GCN 方法能够学习图结构数据（社交网络和基于图的分子表示[147-149]）中节点与节点的相互关系，进而对图结构数据进行半监督学习。将 GCN 应用于高光谱分类是研究的前沿。Qin 等[96]利用 GCN 提取 HSI 空间-光谱信息，可以大大提高 HSI 分类精度。但是，光谱-空间 GCN（spectral-spatial GCN，S^{2}GCN）方法将每个像素视为一个图形节点会带来大量的计算。Wan 等[33]在 HSI 上使用超像素分割，采用多尺度 GCN 提取 HSI 多尺度图形特征。尽管图卷积可以在很大程度上提高 HSI 分类精度，但是现有 GCN 分类仍然存在一些不足，具体表现在以下几个方面。①需要巨大的计算量，这是制约 GCN 分类方法实用化的瓶颈问题。②传统的 GCN 无法有效保留每个卷积层的局部特征，这会随着卷积层数的增加导致过度平滑（每个节点的表示趋于一致）。因此，不能将 GCN 设计得太深，从而限制网络提取图形的高级特征。③现有 GCN 方法缺乏根据不同分类目标任务自动选取特征的能力。

为解决以上问题，本章提出一种基于上下文感知学习的 MSAGE-CAL 高光谱影像分类方法。该方法采用 GraphSAGE 从局部区域图中学习多尺度特征，提高网络输入信息的多样性，可以有效地解决原始输入图错误对分类的影响；

使用上下文感知机制来描述空间相邻区域之间的重要性,通过聚焦重要的空间目标，自动学习图形的深层上下文和全局信息。同时，根据分类对象的不同进行网络训练，自动重构图形结构，可以有效地减少初始图形误差对分类结果的影响。在三个真实的高光谱影像数据集上的实验结果表明，MSAGE-CAL 方法的性能均优于对比方法。

2.2 图样本聚集

2.2.1 传播规则

传统的 GCN 传导式学习需要所有节点参与训练才能得到节点嵌入，不能快速得到新节点的嵌入。也就是说，GCN 只能学习相邻节点的信息，不能自然地推广到未知节点。传统 GCN 的另一个主要缺点是，图在整个卷积过程中是固定的，如果输入图不准确，将降低最终的分类性能[138]。为了改善这些问题，采用 GraphSAGE 学习空间尺度信息，提高模型对新节点的泛化能力。其传递函数可以表示为

$$\boldsymbol{H}_v^l = \sigma\left(\left(\boldsymbol{W}_l * \mathrm{AGG}\left(\left\{\boldsymbol{H}_u^{l-1}, \forall u \in \mathcal{N}(v)\right\}\right), B_k \boldsymbol{h}_v^{l-1}\right)\right) \tag{2.1}$$

其中，l 为网络的层数，代表着每个顶点能够聚合的邻接点的跳数，因为每增加一层，可以聚合更远的一层邻居的信息；u 为节点 u 的特征向量；$\left\{\boldsymbol{H}_u^{l-1}, \forall u \in \mathcal{N}(v)\right\}$ 为在 $l-1$ 层中节点 v 的邻居节点 u 的嵌入；$\boldsymbol{H}_v^l$ 为在第 l 层节点 v 的所有邻居节点的特征表示。

GraphSAGE 嵌入生成方法如算法 1 所示。

算法 1：GraphSAGE 嵌入生成方法(前向传播)

输入： 图 $\mathcal{G}=(\boldsymbol{V},\boldsymbol{E})$；输入特征 $\mathcal{G}=(\boldsymbol{V},\boldsymbol{E})\{x_v, \forall u \in \boldsymbol{V}\}$；卷积层层数 L；权重矩阵 $\boldsymbol{W}_l$，$l \in \{1,2,\cdots,L\}$；非线性激活函数 σ；聚合器函数 AGG；邻居函数 $\mathcal{N}: v \to 2^v$

1： $\boldsymbol{h}_0 \leftarrow \boldsymbol{x}_v, \forall v \in \boldsymbol{V}$;

2： for $l=\{1,2,\cdots,L\}$ do

3： | for $v \in \boldsymbol{V}$ do

4:　　　　$\boldsymbol{h}_{\mathcal{N}(v)}^{l} \leftarrow \mathrm{AGG}\left(\left\{\boldsymbol{H}_{u}^{l-1}, \forall u \in \mathcal{N}(v)\right\}\right)$

5:　　　　$\boldsymbol{h}_{v}^{l} \leftarrow \mathrm{AGG}\left(\boldsymbol{W}_{k} \cdot \mathrm{CONCAT}\left(\boldsymbol{h}_{v}^{l-1}, \boldsymbol{h}_{\mathcal{N}(v)}^{l}\right)\right)$

6:　　　end

7:　　$\boldsymbol{h}_{v}^{l} \leftarrow \dfrac{\boldsymbol{h}_{v}^{l}}{\left\|\boldsymbol{h}_{v}^{l}\right\|}, v \in \boldsymbol{V}$

8:　end

输出： $\boldsymbol{Z}_{v} \leftarrow \boldsymbol{h}_{v}^{l}, v \in \boldsymbol{V}$

2.2.2 聚合器函数

与欧几里得数据(如句子、图像)上的机器学习不同，图节点的邻居没有自然的顺序，因此算法 1 中的 AGG 函数必须在一组无序的向量上运行。理想情况下，AGG 函数应该是对称的(输入排列不变)、可训练的，并保持较高的表示能力。AGG 函数的对称性确保了本章神经网络模型可以训练并应用于任意顺序的节点邻域特征集。本章研究了 3 个候选聚合器函数。

1. 平均聚合器

平均聚合器函数是均值算子，取$\left\{\boldsymbol{H}_{u}^{l-1}, \forall u \in \mathcal{N}(v)\right\}$中向量的元素均值。平均聚合器几乎等同于传导式 GCN 框架中使用的卷积传播规则。具体操作是，将算法 1 中的第 4 行和第 5 行替换为以下内容，得到图神经网络方法的归纳变体，表示为

$$\boldsymbol{h}_{v}^{l} \leftarrow \sigma\left(\boldsymbol{W} \cdot \mathrm{MEAN}\left(\left\{\boldsymbol{h}_{v}^{l-1}\right\} \cup\left\{\boldsymbol{h}_{u}^{l-1}, \forall u \in \mathcal{N}(v)\right\}\right)\right) \tag{2.2}$$

这种基于均值的聚合器能成为卷积，因为它是局部光谱卷积的粗略线性近似。该卷积聚合器与其他聚合器之间的一个重要区别是，它不执行算法 1 第 5 行中的级联操作。这种连接可以视为 GraphSAGE 的不同搜索深度或层之间的跳跃连接的一种简单形式。

2. LSTM 聚合器

LSTM 是一个结构更复杂的聚合器。与平均聚合器相比，LSTM 具有更强

的表达能力。然而，LSTM 并非天生对称(即不是置换不变的)，因为 LSTM 是以顺序方式处理输入的。GraphSAGE 可以将 LSTM 应用于随机排列的邻居节点，使 LSTM 适应无序集上的操作。

3. 池化聚合器

池化聚合器是对称、可训练的。在这种池化方法中，每个邻居的向量通过一个完全连接的神经网络独立反馈。此后，采用元素最大值池化操作来聚合邻居节点信息，表示为

$$\text{AGGREGRATE}_l^{\text{pool}} = \max\left(\left\{\sigma\left(\boldsymbol{W}_{\text{pool}}\boldsymbol{h}_{u_i}^l + b\right), \forall u_i \in N(v)\right\}\right) \tag{2.3}$$

其中，max 为元素最大值算子；σ 为非线性激活函数。

MSAGE-CAL 方法采用平均聚合器。

2.3　上下文感知学习的多尺度图样本聚合高光谱影像分类

如图 2.1 所示，MSAGE-CAL 高光谱影像分类方法可以分为以下步骤。

(1)采用简单线性迭代聚类(simple linear iterative clustering, SLIC)[150]方法将整个 HSI(图 2.1(a))分割成少量紧凑的超像素(图 2.1(b))。

(2)通过 GraphSAGE 在超像素上构建多个空间层次图(图 2.1(c))。

(3)通过上下文感知学习自动重构拓扑图信息(图 2.1(e))。

(4)通过交叉熵损失解译上下文信息，生成分类结果(图 2.1(f))。

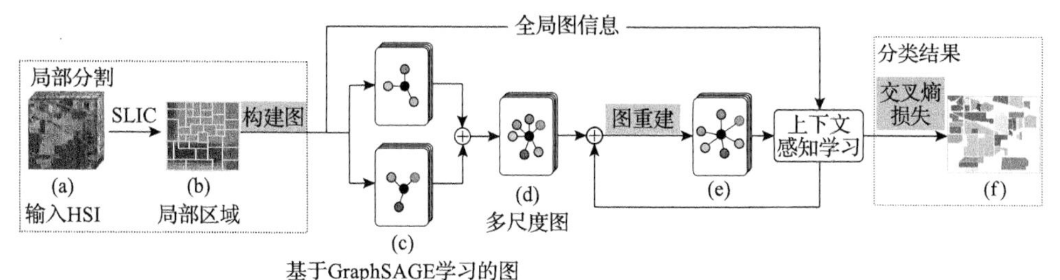

图 2.1　MSAGE-CAL 结构框图

2.3.1　局部区域分割

HSI 在空间维度上包含大量像素，若以像素作为节点进行卷积和分类需要大量计算，有时是不可接受的。为了改善这个问题，研究发现相邻像素很可能

属于相同的土地覆盖类型。因此，采用 SLIC[150]方法将整个图像分割为少量局部区域，像素由光谱空间相似性强的区域组成。具体来说，SLIC 方法采用 k-均值方法，通过迭代聚类进行图像区域分割。MSAGE-CAL 方法将局部区域作为图节点，可以显著减少图节点的数量，提高计算效率。同时，将节点(局部区域)中包含像素的平均光谱特征作为节点的特征向量。

2.3.2 多尺度操作

多尺度可以得到更多的空间特征信息，而且，多尺度信息已被广泛证明对 HSI 分类非常有用[151,152]。在 MSAGE-CAL 方法中，可以调整 GraphSAGE 的卷积层数，控制可聚合邻居节点跳数。GraphSAGE 的聚合机制如图 2.2 所示，展示了中心节点 A 的 1 跳和 2 跳邻居节点聚合原理。

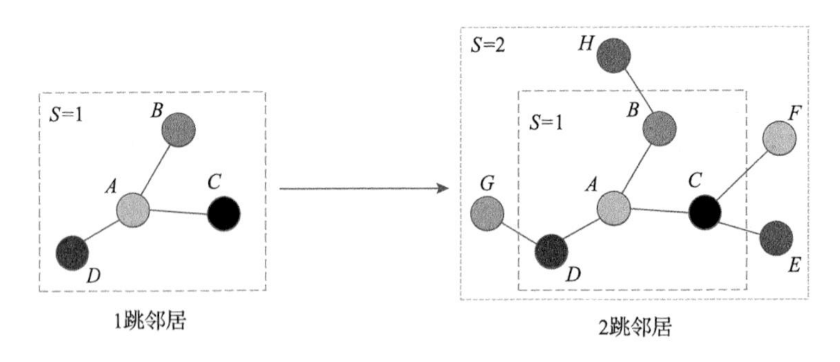

图 2.2　GraphSAGE 的聚合机制

节点 A 在 S 邻居的感受野可表示为

$$\boldsymbol{H}^{S}(\boldsymbol{x}_i)=\sigma(\boldsymbol{H}^{1}(\boldsymbol{H}^{S-1}(\boldsymbol{x}_i),\boldsymbol{x}_S)) \tag{2.4}$$

其中，S 为 GraphSAGE 的聚合规模，$S=1$ 表示中心节点 A 和相邻节点的聚合，$S=2$ 表示 2 跳邻居和 1 跳图的聚合；$\sigma(\cdot)$ 为激活函数；$\boldsymbol{H}^{0}(\boldsymbol{x}_i)=\boldsymbol{x}_i$；$\boldsymbol{H}^{1}(\boldsymbol{x}_i)$ 表示算法 1 中以 $\boldsymbol{x}_i$ 作为中心节点的 1 跳邻居新节点的嵌入。

随后使用不同的分支组成不同的邻域尺度。图 2.3 展示了多尺度机制，其中不同的分支为邻域尺度，不同的颜色节点代表不同的土地覆盖类型。采用不同的分支组成不同的邻域尺度，可以从原始图中提取多尺度特征，对不同分支执行并集操作。节点 $\boldsymbol{x}_i$ 不同尺度的感受野可表示为

$$\boldsymbol{H}_{M}^{l}(\boldsymbol{x}_i)=\boldsymbol{H}_{1}^{l_1}(\boldsymbol{x}_i)\cup\boldsymbol{H}_{2}^{l_2}(\boldsymbol{x}_i) \tag{2.5}$$

其中，1、2 为分支指数；l_1、l_2 为分支 1、2 中第 l 层的聚合尺度；$l=\max(l_1,l_2)$；M 表示多尺度。

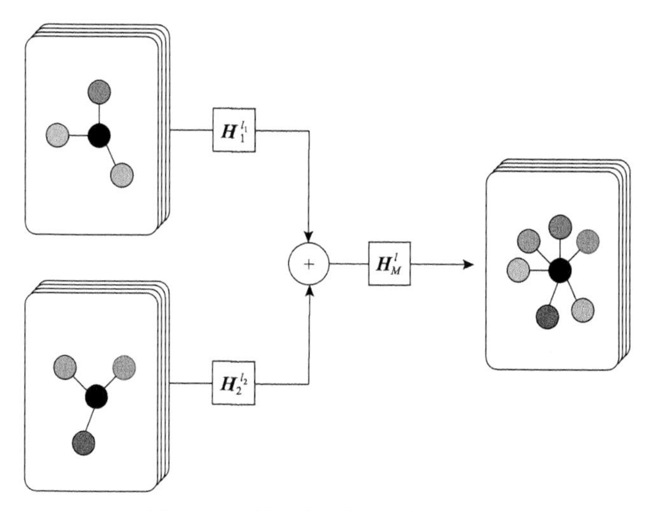

图 2.3　多尺度空间特征融合示意图

2.3.3　上下文感知学习与图形重构

为了获得图中的全局上下文空-谱特征，在网络中加入图注意力机制，提取不同节点之间的不同关联度，通过图注意力机制计算任意两个节点之间的相互关系。为了得到输入和输出之间的对应变换，对所有节点训练一个权重矩阵：$\boldsymbol{W}\in\mathbf{R}^{F'\times F}$，即输入特征 F 和输出特征 F' 之间的关系。通过一个网络层可学习到节点之间的相关性(节点 $\boldsymbol{x}_j$ 对节点 $\boldsymbol{x}_i$ 的重要性)，即

$$e_{ij}=\left(\mathrm{LeakyReLU}\left(\boldsymbol{a}^{\mathrm{T}}\left[\boldsymbol{W}\boldsymbol{x}_i\middle\|\boldsymbol{W}\boldsymbol{x}_j\right]\right)\right) \tag{2.6}$$

其中，$\boldsymbol{a}^{\mathrm{T}}\in\mathbf{R}^{2F}$ 为网络的参数向量；$\|$ 表示级联操作；$\mathrm{LeakyReLU}(\cdot)$ 为非线性层。

然后，通过 softmax 函数将 e_{ij} 标准化并转换为概率输出 α_{ij}，即

$$\alpha_{ij}=\frac{\exp\left(\mathrm{LeakyReLU}\left(\boldsymbol{a}^{\mathrm{T}}\left[\boldsymbol{W}\boldsymbol{x}_i\middle\|\boldsymbol{W}\boldsymbol{x}_j\right]\right)\right)}{\sum_{k\in\mathcal{N}_i}\exp\left(\mathrm{LeakyReLU}\left(\boldsymbol{a}^{\mathrm{T}}\left[\boldsymbol{W}\boldsymbol{x}_i\middle\|\boldsymbol{W}\boldsymbol{x}_k\right]\right)\right)} \tag{2.7}$$

每个节点的图卷积输出可以表示为

$$x_i^l = \sigma\left(\sum_{j \in \mathcal{N}_i} \alpha_{ij} \boldsymbol{W}^{\mathrm{T}} x_i^{l-1}\right) \tag{2.8}$$

其中，σ 为激活函数；l 为网络层；α_{ij} 为式(2.7)学习的注意权重。

MSAGE-CAL 方法中的图注意力机制示意图如图 2.4 所示。全局和上下文信息可以通过图注意力机制从图形中学习。更重要的是，在网络训练过程中，网络会根据反向传播损失调整权重参数。换句话说，网络是上下文感知的。同时，对输入的多尺度图进行重构，这对后续的分类有很大的影响。图重建示意图如图 2.5 所示。

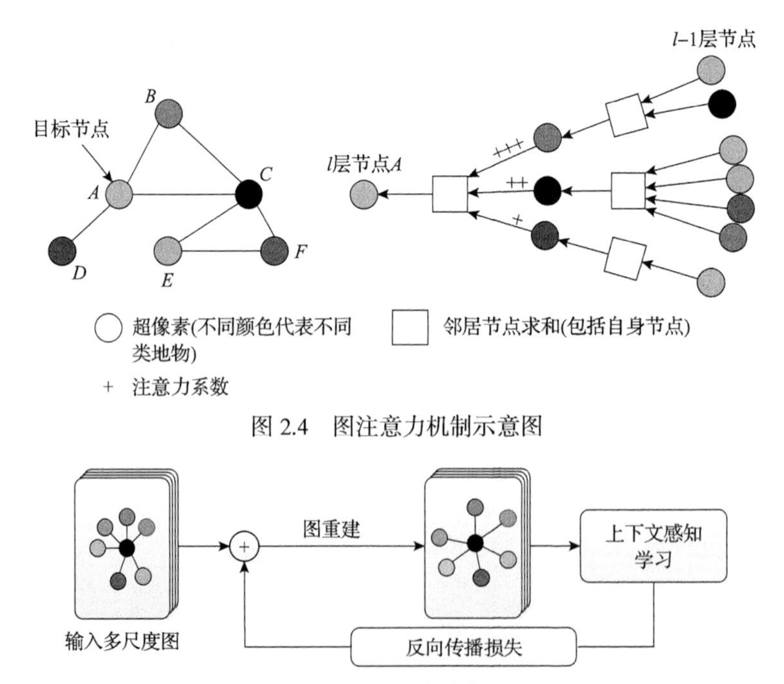

图 2.4　图注意力机制示意图

图 2.5　图重建示意图

式(2.5)说明多尺度图学习机制，这是后续网络的输入。然后，采用 GraphSAGE 层对多尺度图进行重构，重构后的图 $\boldsymbol{H}_r^l(\boldsymbol{x}_i)$ 可以表示为

$$\boldsymbol{H}_r^l(\boldsymbol{x}_i) = \sigma[H(\boldsymbol{W}_r \cdot \boldsymbol{H}_M^l(\boldsymbol{x}_i))] \tag{2.9}$$

其中，H 表示 GraphSAGE 聚合机制(算法 1)；r 表示图重建；$\boldsymbol{W}_r$ 为网络的权重矩阵，可以根据反向传播损失对网络训练进行优化。

在训练过程中，生成图中节点之间的关系也会随着分类目标的变化而变化，因此可以根据不同的分类目标构造不同的分支图节点关系。具体来说，网

络可以自动调整 $\boldsymbol{W}_r$ ，以保留有用的节点特征。随后，网络进行上下文感知学习，网络输出可以表示为

$$\boldsymbol{O} = \mathcal{A}(\boldsymbol{H}_r^l(\boldsymbol{x}_i)) \tag{2.10}$$

其中，$\mathcal{A}$ 为上下文感知学习机制；$\boldsymbol{O}$ 为 MSAGE-CAL 方法的输出。

交叉熵损失函数用来惩罚网络输出和原始标签之间的差异，即

$$\mathcal{L} = -\sum_{z \in y_G} \sum_{f=1}^{C} \boldsymbol{Y}_{zf} \ln \boldsymbol{O}_{zf} \tag{2.11}$$

其中，y_G 为样本数据集；C 为类的数量；$\boldsymbol{Y}_{zf}$ 为标签矩阵；$\boldsymbol{O}_{zf}$ 为输出。

MSAGE-CAL 方法高光谱影像分类如算法 2 所示。

算法 2：MSAGE-CAL 方法高光谱影像分类

输入： 输入 HSI；迭代次数 T ；学习率=0.0005；dropout=0.2；Adam 梯度下降；python= “3.7” ；pytorch= “1.6.0”

1：　采用 SLIC 方法将整个图像分割成局部区域；

2：　提取超像素特征并构造图；

3：　//训练 MSAGE-CAL 模型

4：　**for** t =1 to T **do**

5：　　　//基于 GraphSAGE 的多尺度图学习

6：　　　根据式(2.4)提取局部区域特征并构造局部区域图；

7：　　　归一化 dropout 和 ReLU；

8：　　　利用式(2.5)构造多尺度图；

9：　　　//上下文感知学习与图形重构

10：　　　利用式(2.9)重建上下文图；

11：　　　归一化 dropout 和 ReLU；

12：　　　利用式(2.10)进行上下文感知学习；

13：　　　根据式(2.11)计算训练误差，并使用 Adam 梯度下降更新权重矩阵；

14：　**end**

15：　基于训练好的网络进行标签预测；

输出： 预测像素标签

2.4　实验结果与分析

本节利用实验详尽验证 MSAGE-CAL 方法的性能，并提供相应的方法分析。首先，在 3 个公开的 HSI 数据集上，MSAGE-CAL 方法与五种分类方法在四个指标上进行比较，包括 OA、κ 和 PA。随后，分析不同标记样本数下 MSAGE-CAL 的性能，证明多尺度图学习有助于提高分类性能。最后，证明上下文感知学习和图形重建操作有利于获得更好的分类结果。

2.4.1　实验设置

实验采用三个真实的基准数据集，即 PU、KSC 和 Salinas，评估 MSAGE-CAL 方法的性能。为了便于公平对比，与大多数方法类似，在选用数据集的每个类别中随机选择 30 个标记像素进行网络训练，剩余的未标记像素用于网络测试。本章网络采用两个邻域尺度构造多尺度图。具体来说，分支 1 是 1 尺度聚合图，分支 2 是 2 尺度聚合图。

实验中的 MSAGE-CAL 方法与其他五种 HSI 分类方法进行比较，包括一种基于 CNN 的方法，即降维 CNN（dimension-reduced CNN，DR-CNN）[21]；两种基于 GNN 的方法，即 S^2GCN[96]和空-谱图注意力网络（spectral-spatial GAT，S^2GAT）[98]；两种传统的机器学习方法，即 RBF-SVM 和联合协作表示，以及联合协同表示与决策融合支持向量机（joint collaborative representation with SVM with decision fusion，JSDF）[37]。RBF-SVM 中 RBF 核的取值范围为 $\gamma = 2^{-3}, 2^{-2}, \cdots, 2^{4}$，$C$（在模型优化期中控制惩罚的大小）的值为 $C = 2^{-2}, 2^{-1}, \cdots, 2^{4}$。MSAGE-CAL 方法结构细节如表 2.1 所示。

表 2.1　MSAGE-CAL 方法结构细节

模块	细节	
局部分割	SLIC	
多尺度图学习	GraphSAGE（输入光谱维度 64） 归一化 ReLU	GraphSAGE（输入光谱维度 112） 归一化 ReLU GraphSAGE（112 变为 64） 归一化 ReLU
	求和操作（summation）	

续表

模块	细节
多尺度图处理	GraphSAGE(64～32) 归一化 ReLU
上下文感知学习	图注意力机制(32) 归一化
输出	交叉熵损失(目标类别)

2.4.2　分类结果对比分析

1. PU 数据集分类结果对比分析

不同方法在 PU 数据集上的定量实验结果如表 2.2 所示，其中每行中的最优值以粗体突出显示(本书其余表格中粗体数字都表示此含义)。可以看出，与其他模型相比，MSAGE-CAL 在 OA、AA 和κ 中都取得了更好的结果，这验证了上下文感知多尺度学习网络的有效性。值得注意的是，DR-CNN 方法的性能优于 RBF-SVM、JSDF 和非局部 GCN 方法。这是因为 DR-CNN 和多尺度动态图卷积网络(multiscale dynamic graph convolutional network，MDGCN)、MSAGE-CAL 利用基于多尺度区域的输入，可以提高包含多个边界区域 HSI 的分类精度。虽然 DR-CNN 模型取得了良好的分类精度，但是其在类别 8(Self-blocking bricks)中的分类精度明显低于 MSAGE-CAL，这表明本章提出的方法对 HSI 分类细节具有良好的适应性。如图 2.6 所示，与真值图相比，MSAGE-CAL 方法分类结果图分类错误更少，视觉效果更平滑。同时，由于缺乏上下文感知学习机制，对比方法输出的分类结果包含许多分类错误。

表 2.2　不同方法在 PU 数据集上的定量实验结果　(单位：%)

项目	DR-CNN	RBF-SVM	JSDF	S^2GCN	S^2GAT	MSAGE-CAL
类别 1	92.10	83.14	82.40	92.87	87.31	**93.93**
类别 2	96.39	66.75	90.76	87.06	87.94	**99.90**
类别 3	84.23	69.65	86.71	87.97	77.28	**89.75**
类别 4	95.26	88.24	92.88	90.85	**96.57**	92.16
类别 5	97.77	92.18	**100.00**	**100.00**	96.74	98.71
类别 6	90.44	93.54	94.30	88.69	**95.11**	82.88
类别 7	89.05	91.84	96.62	98.88	87.45	**99.54**
类别 8	78.49	90.67	94.69	89.97	95.86	**96.55**
类别 9	96.34	95.38	**99.56**	98.89	94.31	96.40

续表

项目	DR-CNN	RBF-SVM	JSDF	S^2GCN	S^2GAT	MSAGE-CAL
OA	92.62	77.65	90.82	89.74	90.56	**96.14**
AA	91.12	85.71	93.10	92.80	90.95	**94.42**
κ	0.90	0.77	0.88	0.87	0.90	**0.97**

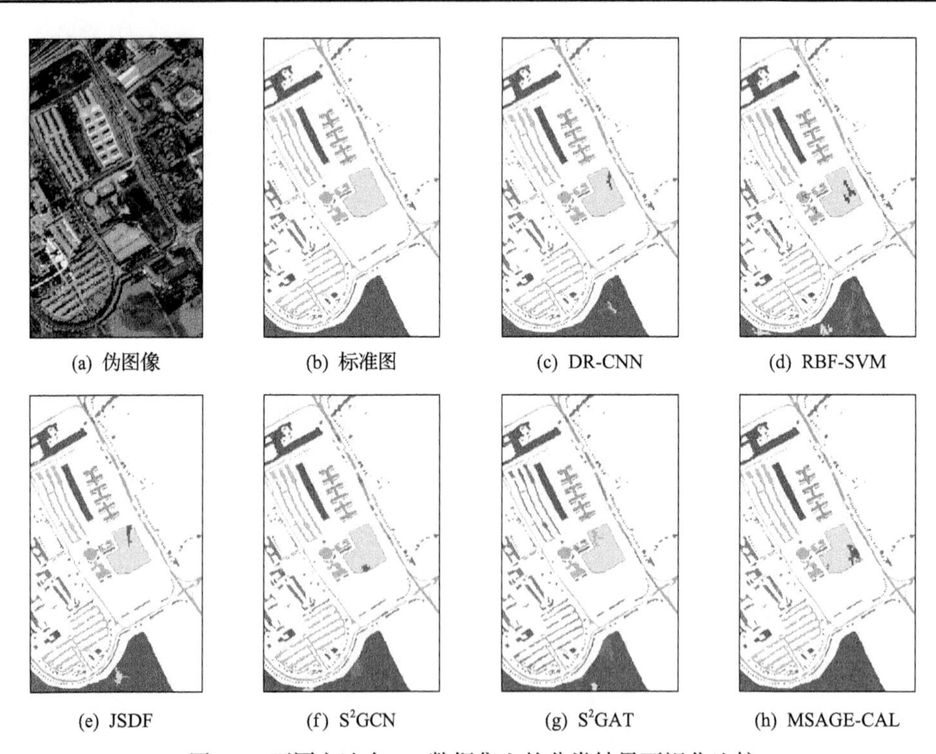

(a) 伪图像 (b) 标准图 (c) DR-CNN (d) RBF-SVM

(e) JSDF (f) S^2GCN (g) S^2GAT (h) MSAGE-CAL

图 2.6 不同方法在 PU 数据集上的分类结果可视化比较

2. KSC 数据集分类结果对比分析

如表 2.3 所示，六种方法在 KSC 数据集上的实验结果与在 PU 数据集上的实验结果相比有很大改善。因为 KSC 数据集比 PU 数据集包含更少的噪声，具有更高的空间分辨率，更适合场景分类。值得注意的是，本章提出的方法取得了比对比方法更好的结果，这验证了 MSAGE-CAL 的性能。此外，MSAGE-CAL、RBF-SVM 在类别 4 (Slash pine) 中的误分类率低于其他方法。这是因为 RBF-SVM 和 MSAGE-CAL 能够有效地提取局部特征，这对局部小目标分类非常重要。此外，基于 GCN 方法的性能并不比其他方法优越。这是由于 GCN 采用的传导性学习机制不利于对 KSC 这样的孤立小目标检测。图 2.7 为不同方法在 KSC 数据集上的分类结果可视化比较，其中一些关键区域被放大，可以更好地展现分类结果。需要注意的是，MSAGE-CAL 方法在这些分类困难的小目标区域上可以获得更好的分类结果，这表明 MSAGE-CAL 适合小目标分类。

表 2.3　不同方法在 KSC 数据集上的定量实验结果　（单位：%）

项目	DR-CNN	RBF-SVM	JSDF	S^2GCN	S^2GAT	MSAGE-CAL
类别 1	98.72	93.27	**100.00**	95.12	99.16	98.86
类别 2	97.97	92.14	92.07	95.15	96.27	**98.59**
类别 3	97.49	90.27	95.13	96.17	98.30	**100.00**
类别 4	62.46	91.74	59.01	71.17	84.62	**95.95**
类别 5	94.66	85.10	85.34	**97.71**	96.23	96.95
类别 6	**97.65**	86.23	86.48	89.95	93.11	96.48
类别 7	**100.00**	72.98	98.93	98.22	97.18	**100.00**
类别 8	97.42	91.33	94.76	89.10	95.67	**100.00**
类别 9	99.93	89.17	**100.00**	99.59	96.89	97.55
类别 10	98.84	90.62	**100.00**	98.04	**100.00**	98.93
类别 11	**100.00**	88.35	**100.00**	99.23	**100.00**	**100.00**
类别 12	**98.94**	92.46	95.52	95.63	97.96	98.31
类别 13	**100.00**	90.13	**100.00**	**100.00**	**100.00**	**100.00**
OA	97.21	88.46	97.21	95.44	96.31	**98.98**
AA	95.70	88.75	94.38	94.24	96.56	**98.59**
κ	0.97	0.86	0.95	0.95	0.97	**0.99**

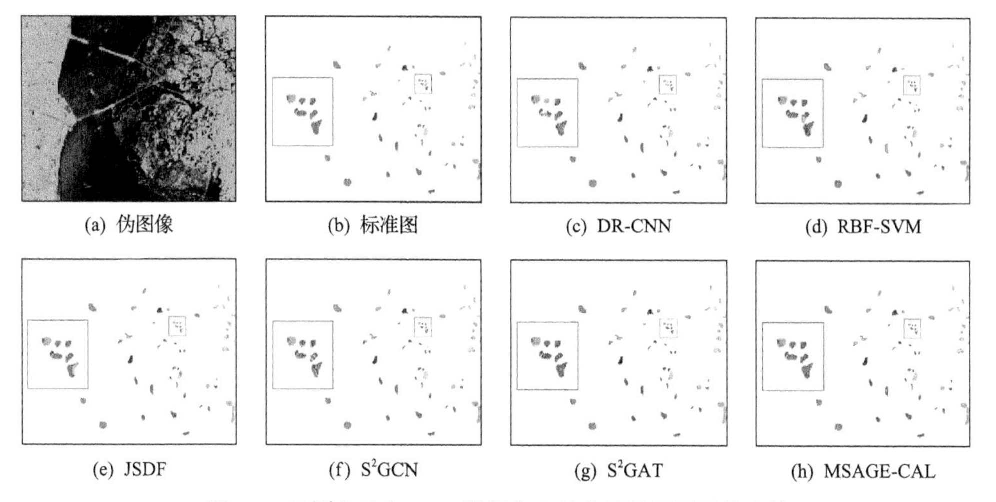
(a) 伪图像　(b) 标准图　(c) DR-CNN　(d) RBF-SVM
(e) JSDF　(f) S^2GCN　(g) S^2GAT　(h) MSAGE-CAL

图 2.7　不同方法在 KSC 数据集上的分类结果可视化比较

3. Salinas 数据集分类结果对比分析

表2.4显示了不同方法在Salinas数据集上的定量实验结果。类别8(Grapes-untrained)和类别 15(Vineyard-untrained)的分类结果要明显低于其他类别，因为这两类之间具有相似的光谱特征。值得注意的是，JSDF 在 AA 指标上的表现是最优的，这与在 PU 和 KSC 中的表现是不同的。然而，OA 和 κ 的指标表现要低于 MSAGE-CAL，这表明它在不同类的分类结果是不平衡的。此外，MSAGE-CAL 方法比基于 GCN 的方法具有更好的性能。这不仅是因为传导式学习机制的缺陷，还表明多尺度输入特征有助于提高分类精度。如图 2.8 所示，MSAGE-CAL 方法比其他五种对比方法具有更平滑的输出结果，这进一步证明 MSAGE-CAL 方法的优势。结果表明，本章所提方法对光谱特征相似的不同土地覆盖类型目标具有良好的分类性能。

表 2.4 不同方法在 Salinas 数据集上的定量实验结果 (单位：%)

项目	DR-CNN	RBF-SVM	JSDF	S^2GCN	S^2GAT	MSAGE-CAL
类别 1	99.40	97.47	**100.00**	99.01	99.62	**100.00**
类别 2	99.46	92.65	**100.00**	99.18	99.37	99.95
类别 3	98.58	96.71	**100.00**	97.15	96.51	99.90
类别 4	99.70	92.27	**99.93**	99.11	99.60	**99.93**
类别 5	98.90	96.47	**99.77**	97.55	95.21	85.33
类别 6	99.57	89.58	**100.00**	99.32	98.64	98.98
类别 7	99.50	93.73	99.99	90.06	99.73	**100.00**
类别 8	75.59	77.36	87.79	70.68	77.67	**92.59**
类别 9	99.75	92.31	99.67	98.32	95.32	**99.98**
类别 10	94.29	90.89	96.53	90.97	93.76	**97.27**
类别 11	97.57	73.64	**99.76**	98.00	94.33	96.47
类别 12	99.99	93.61	**100.00**	99.56	99.61	99.74
类别 13	99.95	89.22	**100.00**	97.83	92.40	97.32
类别 14	98.57	92.61	**98.71**	95.75	92.72	93.62
类别 15	72.18	71.38	81.86	70.36	77.31	**90.69**
类别 16	98.45	81.34	**98.99**	96.90	95.66	97.15
OA	90.35	86.75	94.67	88.39	93.67	**96.87**
AA	95.72	88.83	**97.69**	94.30	94.21	96.81
κ	0.89	0.86	0.94	0.87	0.93	**0.97**

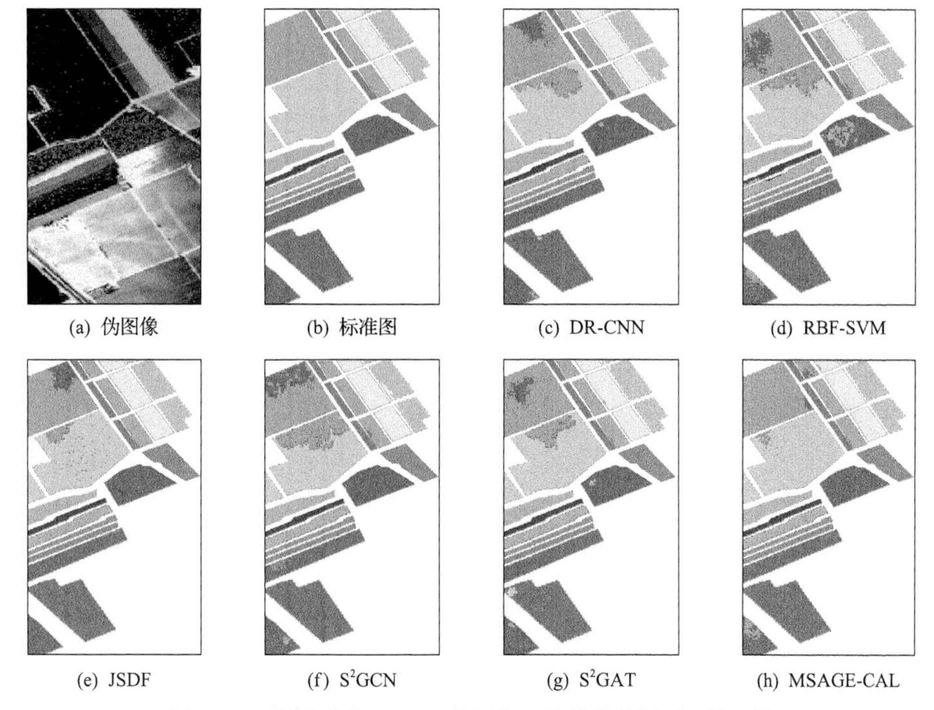

图 2.8　不同方法在 Salinas 数据集上的分类结果可视化比较

2.4.3　不同数量的训练样本对 MSAGE-CAL 方法性能影响分析

实验研究六种方法在不同数量训练样本(即像素)条件下的分类性能,将每个类的训练样本以 5 为间隔从 5 个取到 30 个，并记录六种方法在 PU、KSC 和 Salinas 数据集上的 OA 性能。如图 2.9 所示，各方法在 PU、KSC 和 Salinas

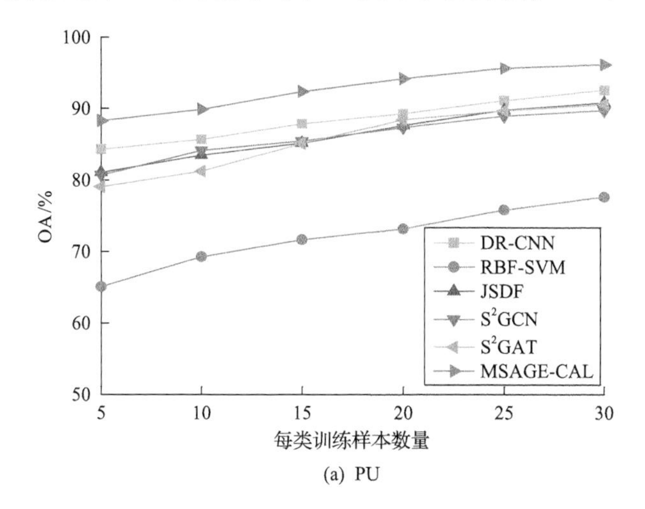

(a) PU

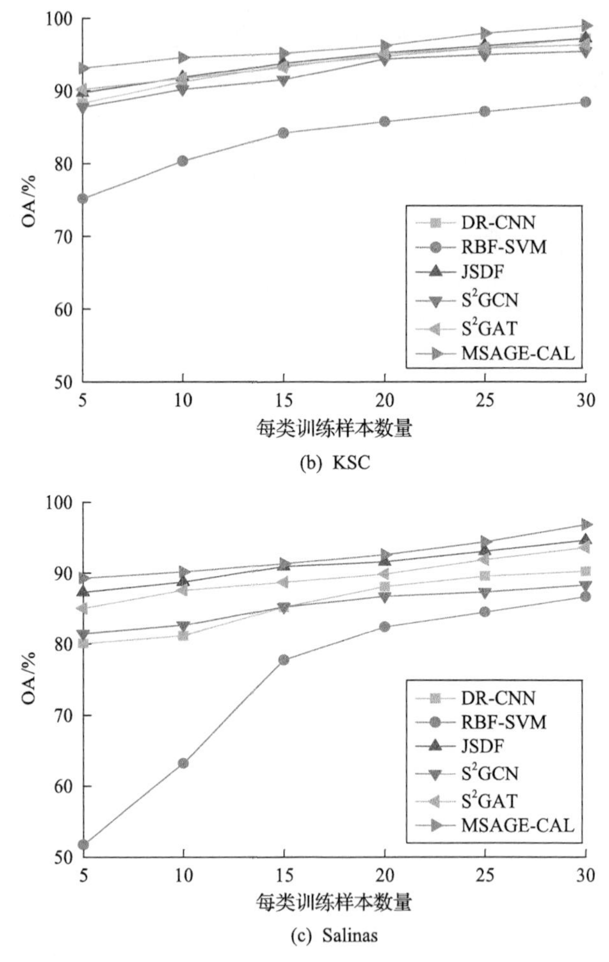

(b) KSC

(c) Salinas

图 2.9　有限训练样本条件下各分类方法表现

数据集上的分类精度随着标记样本的增加而显著提高；MSAGE-CAL 方法的表现要优于对比方法，这表明多尺度空间信息能有效地提高 HSI 分类精度。此外，本章提出的 MSAGE-CAL 方法能自动学习全局上下文特征，并基于分类目标重建图，这比使用预先计算的固定图方法的分类结果更稳健。值得一提的是，随着标记样本数量的变化，MSAGE-CAL 方法的 OA 表现更稳定。所有这些结果都说明 MSAGE-CAL 方法的稳定性和有效性。

2.4.4　消融实验

MSAGE-CAL 方法采用基于 GraphSAGE 的多尺度图学习和上下文感知学习机制提高方法的分类性能。本实验研究了基于 GraphSAGE 的多尺度图形学习和上下文感知学习对方法的影响。为了便于比较，分别记录在不采用多尺度图学习特征和上下文感知学习机制的情况下 MSAGE-CAL 方法产生的分类结果，简化模型分别用 SAGE-CAL 和 MSAGE 表示。实验设置与 2.4.1 节相同。对比结果如表 2.5～表 2.7 所示。基于 GraphSAGE 的多尺度图学习和上下文感知学习在提高学习效率方面可以发挥重要作用。

表 2.5　不同方法在 PU 数据集 OA、AA 和 κ 指标表现　（单位：%）

指标	SAGE-CAL	MSAGE	MSAGE-CAL
OA	92.52	93.24	96.14
AA	90.16	93.67	94.42
κ	92	93	97

表 2.6　不同方法在 KSC 数据集 OA、AA 和 κ 指标表现　（单位：%）

指标	SAGE-CAL	MSAGE	MSAGE-CAL
OA	97.26	96.97	98.98
AA	97.34	97.18	98.59
κ	97	97	99

表 2.7　不同方法在 Salinas 数据集 OA、AA 和 κ 指标表现　（单位：%）

指标	SAGE-CAL	MSAGE	MSAGE-CAL
OA	93.03	92.11	96.87
AA	96.30	94.17	96.81
κ	94	92	97

2.4.5　训练时间对比分析

表 2.8 显示了不同的深度学习方法，包括 DR-CNN、S^2GCN、S^2GAT 和 MSAGE-CAL 在三个数据集上的训练时间。电脑配置为 3.70G Intel i9-10900K CPU 和 GeForce GTX 1080Ti 11GB GPU。实验设置如 2.4 节所述。由此可知，本章提出的模型训练效率要优于对比方法。这是因为 MSAGE-CAL 采用分割操作，可以有效地减少图节点的数量，从而减少模型计算量。

表 2.8　不同方法的训练时间比较　（单位：s）

数据集	DR-CNN	S^2GCN	S^2GAT	MSAGE-CAL
PU	3245	2821	2712	**1057**
KSC	3376	1437	1537	**876**
Salinas	3121	3534	3462	**447**

2.5 本章小结

本章提出一种新的基于上下文感知学习的 MSAGE-CAL 高光谱影像分类方法。首先，采用多尺度 GraphSAGE 卷积提取多尺度空间信息，获取不同尺度的空间特征输入。然后，提出上下文感知学习机制。因此，该网络可以从 HSI 中提取全局和上下文空-谱特征，有助于更准确地对 HSI 进行特征表示。最后，将反向传播方法应用于网络训练，重构图结构，可以有效地降低初始图误差对分类结果的影响。在三个真实的高光谱影像数据集上与不同的高光谱影像分类方法对比的分类实验结果表明，MSAGE-CAL 具有更好的分类性能。

MSAGE-CAL 采用 SLIC 方法将高光谱影像分割成超像素。这样做的好处是可以减少图节点数量，简化计算，缺点是超像素节点分类忽略了异常像素（异于超像素中大多数像素类别的像素），从而导致个别像素分类错误，因此如何在超像素分类方法的基础上解决个别异常像素分类的问题是后续需要研究的问题。此外，除空间域预处理，高光谱影像谱域预处理是另一个更需要解决的问题。基于图神经网络超像素高光谱影像特征提取和分类方法，异常像素分类和谱域预处理是下一步有待研究的问题。

第3章　CNN卷积与图卷积相结合的高光谱影像特征提取与分类

3.1　引　　言

由于具有强大的节点特征提取和表达能力，图神经网络已成为现在的研究热点之一，并开始在高光谱影像处理方面得到广泛应用，如高光谱影像目标检测、分类和解混等。第2章以超像素为节点，利用上下文感知学习的MSAGE-CAL对超像素图进行空-谱特征提取，通过对图节点分类，实现高光谱影像分类。虽然这种半监督方法计算量相对较小，可以提高高光谱影像的分类精度，但是和大多数采用超像素作为节点的图神经网络高光谱影像分类方法一样，该方法分类精度的提高受到超像素的限制。因为这些方法只对空-谱特征提取网络进行改进，忽略了高光谱影像预处理对分类精度的影响，即大多数将超像素作为图节点，基于图神经网络的高光谱影像分类方法都忽略像素级空-谱特征。具体而言，超像素中的像素被视为同一分类标签，这与实际情况是不符的，超像素机制可能导致超像素中单个像素的分类错误。

为解决以上问题，本章提出MFGCN。该方法采用超像素分割方法对高光谱影像进行图像预处理，设计了多尺度图机制，用于从高光谱影像中提取多尺度空间特征。虽然基于多尺度超像素的GCN可以降低方法计算量，缓解标签样本缺乏问题，但是单个像素的局部特征被忽略了。受Hong等[97]的启发，GCN和CNN被整合到一个单一的网络中。具体来说，3D CNN被分解为1D CNN和2D CNN。1D CNN用于从高光谱影像中提取超像素的光谱特征，作为后续多尺度2D CNN的特征提取网络输入。这个策略可以解决超像素特征提取问题，并将GCN和CNN两个分支网络集成到一个整体。为了提取多尺度局部空间特征，提出多尺度CNN、GCN，用于从高光谱影像中提取像素级的多尺度局部特征。最后，采用级联操作，融合四个分支的多尺度特征。

本章的主要贡献是将多尺度GCN和多尺度CNN相结合，提出一种新的多尺度融合网络，用于提取多尺度超像素图特征和多尺度像素局部像素特征；提出一种光谱变换机制，利用1D CNN提取图节点的光谱特征，这种方法可以抑制原始高光谱影像噪声，提高GCN对不同高光谱影像的适应性；设计了一种多尺度端到端可训练神经网络，利用多尺度特征对像素标签进行预测。

3.2 卷积神经网络

CNN 是深度学习网络的一种，具有平移不变性和共享权重架构特征，因此也称空间不变或位移不变人工神经网络[153,154]。CNN 无需手动提取特征就可以自动挖掘目标任务的深层语义特征。目前，CNN 在推荐系统、视频识别、目标检测、自然语言处理、图像分类等领域都得到广泛的研究和应用。

通常情况下，CNN 由输入层、若干个隐含层(卷积层、激活层、池化层、全连接层)和输出层组成。其中，卷积层是 CNN 的核心，通过卷积运算实现特征提取和降维两个重要目的;激活层通过非线性的激活函数对前一层的线性输出进行处理，用来模拟任意函数，从而增强网络的表征能力。常用的激活函数包括 Sigmoid、ReLU 和 LeakyReLU 等。池化层的作用是降低计算量，提高网络泛化能力，常用的池化有最大池化和平均池化两种。全连接层相当于多层感知机(multi-layer perceptron, MLP)，目的是将上一层中的神经元与本层中的神经元进行全连接，实现信号传递。网络训练可分为前向传播与反向传播两个阶段，前向传播利用隐含层从输入层输入的原始数据中提取高级特征表达，传递给激活函数；反向传播利用目标函数计算输出值与真实值之间的偏差，利用反向求导实现权重和偏置的更新。CNN 结构及训练方式如图 3.1 所示。

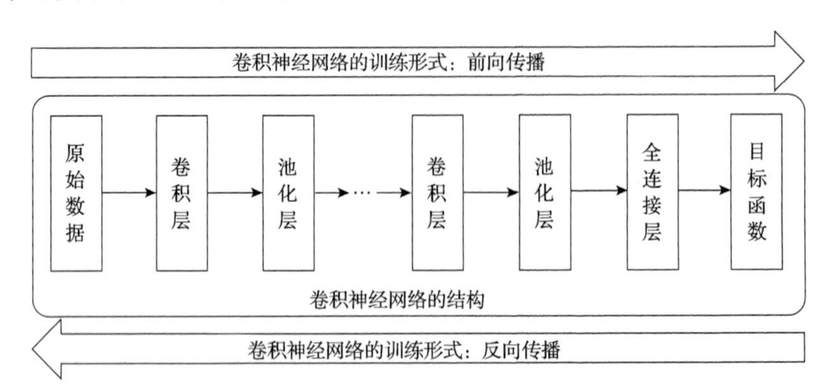

图 3.1　CNN 结构及训练方式

CNN 的核心是利用卷积对输入层输入的数据进行卷积，采用非线性激活函数实现特征非线性表达和目标任务特征提取和表达。卷积层运算过程如图 3.2 所示。根据卷积核维度的不同，卷积可分为 1D CNN、2D CNN 和 3D CNN。1D CNN 运算过程可表示为[154]

$$X_j^l = \sigma\left(\sum_{i\in M_j} W_{ij}^l \bullet X_i^{l-1} + a_j^l\right) \tag{3.1}$$

其中，σ 为激活函数；M_j 为特征映射集合；X_i^{l-1} 和 X_j^l 为上一层和当前层的特征映射；a_j^l 为偏置；W_{ij}^l 为第 l 层 (i, j) 位置的卷积滤波器对应的权重。

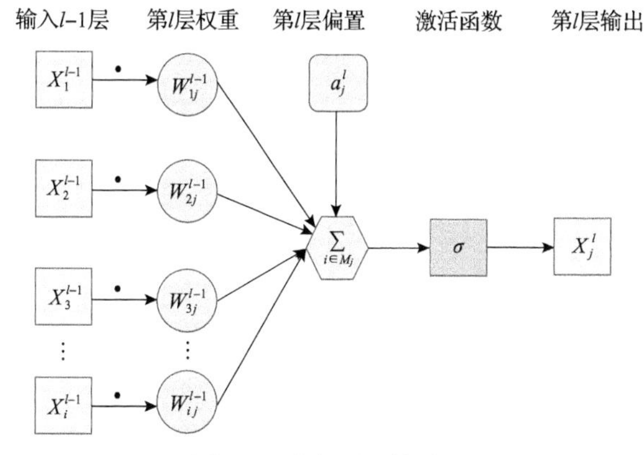

图 3.2 卷积层运算过程

2D CNN 利用一组 2D 内核对输入图像进行卷积,其中第 i 卷积层第 j 个特征图中位置 (x, y) 处的 X_{ij}^{xy} 可表示为[155]

$$X_{ij}^{xy} = \sigma\left(\sum_m \sum_{p=0}^{P_i-1} \sum_{q=0}^{Q_i-1} W_{ijm}^{pq} \bullet X_{(i-1)m}^{(x+p)(y+q)} + b_{ij}\right) \tag{3.2}$$

其中，σ 为激活函数；b_{ij} 为该特征图的偏置；m 为连接到当前特征图的第 $i-1$ 层中特征图集的索引；W_{ijm}^{pq} 为连接到第 m 个特征图的卷积核所在位置 (p,q) 处的权重；P_i 和 Q_i 为卷积核的高度和宽度。

3D CNN 基于 2D CNN 调整而来，利用 3D 矩阵卷积核直接从 3D 输入图像中提取光谱-空间特征。网络第 i 层第 j 个特征图上位置 (x, y, z) 处的值可表示为[155]

$$X_{ij}^{xyz} = \sigma\left(\sum_m \sum_{p=0}^{P_i-1} \sum_{q=0}^{Q_i-1} \sum_{r=0}^{R_i-1} W_{ijm}^{pqr} \bullet X_{(i-1)m}^{(x+p)(y+q)(z+r)} + b_{ij}\right) \tag{3.3}$$

其中，W_{ijm}^{pqr} 为第 m 个特征图卷积核所在位置 (p,q,r) 处的权重；R_i 为第 $i-1$ 层的光谱维度。

3.3　MFGCN 高光谱影像分类

如图 3.3 所示，MFGCN 高光谱影像分类方法可以分为以下几个步骤：首先，采用两层 1D CNN 来提取原始高光谱影像中每个像素的光谱特征；然后，采用 LDA-SLIC 方法将原始高光谱影像精确地划分为自适应的超像素区域，并采用 1D CNN 提取的光谱均值作为每个超像素的光谱特征；最后，构造分支 1 中的图，并提出一种多尺度 GCN 方法来提取该图的空-谱特征。在分支 2 中，首先利用两种 2D CNN，即 3×3 和 5×5 卷积核，提取高光谱影像的空-谱特征；然后通过级联操作对不同方法提取的特征进行融合处理；最后采用交叉熵损失来解释特征，并预测每个像素的标签。

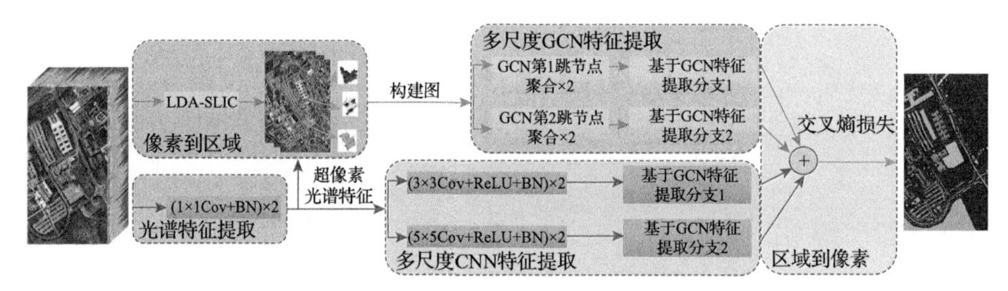

图 3.3　MFGCN 高光谱影像分类方法结构框图

3.3.1　像素到区域分配和光谱特征转换

1. 像素到区域分配

方法采用线性判别分析(linear discriminant analysis, LDA)[156]对高光谱影像进行降维，然后使用 SLIC 方法将高光谱影像分割为超像素。具体而言，采用 LDA-SLIC 方法将高光谱影像分割为 $F=(H\times W)/S$ 个超像素，其中 H 和 W 为高光谱影像的高度和宽度，$S(1\leqslant S)$ 为超像素的规模，它控制超像素中包含的平均像素，超像素的数量由 S 决定。给定包含 $m=H\times W$ 和 B 个光谱段高光谱影像立方体 $I_B=\{\boldsymbol{x}_1,\boldsymbol{x}_2,\cdots,\boldsymbol{x}_m\}$，用超像素可以表示为

$$\mathrm{HSI}=\bigcup_{i=1}^{F}S_i,\quad S_i\cap S_j=\varnothing,\quad i\neq j;i,j=1,2,\cdots,F \tag{3.4}$$

2. 光谱特征转换

在实践中，提取超像素的光谱特征是一项困难的任务。一般的方法是直接从原始高光谱影像中提取每个像素的光谱值，然后计算超像素中所包含像素的光谱平均值。该方法简单直观，但光谱特征是固定的，不能通过网络训练抑制和消除原始超像素影像中的噪声。为了提取具有较好表达能力和鲁棒性的光谱特征，提出一种新的两层 1D CNN 超像素光谱特征转换方法。第 l 卷积层第 b 波段信道的输出 $X_b^l(\cdot)$ 可表示为

$$X_b^l(p_0)=\sigma(\boldsymbol{W}_b^l\bullet\tilde{X}_b^{l-1}(p_0)+a_b^l) \tag{3.5}$$

其中，$p_0=(x,y)$ 为像素在高光谱影像中的空间位置；$\boldsymbol{W}_b^l$ 和 a_b^l 为可训练权重(1×1 卷积核)和偏差；$\sigma(\cdot)$ 为激活函数，即 ReLU 。

在提出的方法中，空间位置 p_0 处像素的光谱特征向量可以表示为

$$\boldsymbol{h}(p_0)=(X_1^2(p_0),X_2^2(p_0),\cdots,X_B^2(p_0)) \tag{3.6}$$

然后，采用关联矩阵 $\boldsymbol{M}\in\mathbf{R}^{HW\times B}$ 表示像素和超像素之间的关系，它在像素和超像素之间架起一座桥梁，将 GCN 和 CNN 分支紧密结合在一起。$\boldsymbol{M}$ 可以表示为

$$\boldsymbol{M}_{i,j}=\begin{cases} j, & \boldsymbol{x}_i\in S_j \\ 0, & \text{其他} \end{cases},\quad I_B=\text{Flatten(HSI)} \tag{3.7}$$

其中，$\boldsymbol{x}_i$ 为 I_B 的第 i 个像素；Flatten(HSI) 为 HSI 在空间维度中的展平操作。

利用式(3.7)，可以实现像素和超像素之间的映射。

最后，将超像素的平均光谱特征值作为一个节点特征向量，图节点数学表达式可表示为

$$\begin{aligned}\boldsymbol{H}&=\left[\boldsymbol{H}_1,\boldsymbol{H}_2,\cdots,\boldsymbol{H}_F\right]^{\mathrm{T}}\\&=\left[\frac{1}{N_1}\sum_{f=1}^{N_1}\boldsymbol{h}_k^1,\frac{1}{N_2}\sum_{f=1}^{N_2}\boldsymbol{h}_k^2,\cdots,\frac{1}{N_F}\sum_{f=1}^{N_F}\boldsymbol{h}_k^F\right]^{\mathrm{T}}\end{aligned} \tag{3.8}$$

其中，$\boldsymbol{H}_i$ 为第 i 个节点特征向量；N_i 为超像素中包含的像素数；$\boldsymbol{h}_k^i$ 为式(3.6)所示的像素光谱特征向量。

3.3.2 多尺度 GCN 的方法

3.3.1 节详细说明了像素到区域分配和光谱特征转换机制。然而，经过这个机制处理的高光谱影像的节点丢失了相互之间的空间关系，这对图的构建产生困难。为了解决这个问题，本节提出整形操作恢复节点与节点的空间关系，即

$$\mathrm{HSI} = \mathrm{reshape}(\boldsymbol{M}_{i,j}\boldsymbol{V}, \boldsymbol{H}) \tag{3.9}$$

其中，$\boldsymbol{V}$ 的分量V_j表示第j个超像素S_j的质心，只要确定V_j的位置，超像素的位置就确定了，也就是说，V_j的位置代表整个超像素的位置。

通过整形操作，可以将超像素空间特征投影回高光谱影像的空间维度。为了提高计算效率，将超像素视为图节点。给定一个图$\mathcal{G} = (v, \xi, \boldsymbol{A})$，邻接矩阵$\boldsymbol{A}_{i,j} \in \mathbf{R}^{N \times N}$可以表示为

$$\boldsymbol{A}_{i,j} = \begin{cases} \mathrm{e}^{-\gamma\left\|\boldsymbol{H}_i - \boldsymbol{H}_j\right\|^2}, & \boldsymbol{x}_i \in \mathcal{N}_t(\boldsymbol{H}_j) \text{或} \boldsymbol{x}_j \in \mathcal{N}_t(\boldsymbol{H}_i) \\ 0, & \text{其他} \end{cases} \tag{3.10}$$

其中，$\boldsymbol{H}_i$和$\boldsymbol{H}_j$为节点i和节点j的光谱特征；$\mathcal{N}_t(\boldsymbol{H}_j)$为$\boldsymbol{H}_j$的$t$跳邻居；$\gamma = 0.2$为经验值。

该方法可以通过改变不同跳邻居节点的聚集来实现多尺度操作。

然后，提出一种多尺度 GCN 来处理该图。参考式(1.19)，图 3.3 分支 1 中图卷积的第l层输出可表示为

$$\boldsymbol{I}_1^l = \mathrm{leakyReLU}\left((\boldsymbol{D}_1)^{-\frac{1}{2}} \boldsymbol{A}_1 (\boldsymbol{D}_1)^{-\frac{1}{2}} \boldsymbol{I}_1^{l-1} \boldsymbol{W}_1^l \right) \tag{3.11}$$

其中，$\boldsymbol{I}_1^{l-1}$为第$l-1$层归一化后的输出；$\boldsymbol{A}_1$为聚合 1 跳邻居的邻接矩阵；$\boldsymbol{D}_1$为$\boldsymbol{A}_1$的度矩阵；$\boldsymbol{W}_1^l$为分支 1 中第l层的可训练权重矩阵。

与式(3.11)类似，图 3.3 分支 2 中图卷积的第l层输出可以表示为

$$\boldsymbol{I}_2^l = \mathrm{leakyReLU}\left((\boldsymbol{D}_2)^{-\frac{1}{2}} \boldsymbol{A}_2 (\boldsymbol{D}_2)^{-\frac{1}{2}} \boldsymbol{I}_2^{l-1} \boldsymbol{W}_2^l \right) \tag{3.12}$$

3.3.3 多尺度 CNN 的方法

3D CNN 结构具有良好的从高光谱影像中提取局部空-谱特征的能力，且

被广泛应用于高光谱影像分类。然而，3D CNN 无法与 GCN 很好地集成。为了解决这个问题，本方法采用 CNN 分解的方法，将一个 3D 卷积核分解为 2D 卷积核和 1D 卷积核。具体来说，1D 卷积核用于从高光谱影像中提取光谱特征，用于超像素光谱特征计算，同时输入后续的多尺度 2D CNN 处理。2D CNN 用于从高光谱影像中提取空间特征。这种策略可以解决 CNN 和 GCN 的融合问题，同时减少参数数量，增强方法的鲁棒性。

不同大小卷积核的 CNN 具有不同的感受野，因此提取的局部特征也不相同。在实践中，不同的分类目标需要不同尺度的局部特征。为此提出一种多尺度 CNN 来提取空-谱特征，即采用具有不同卷积核的双分支网络结构提取不同尺度的局部特征。具体来说，分支 1 采用 3×3 2D 卷积核，分支 2 采用 5×5 2D 卷积核。分支 1 中的第 l 卷积层的输出可表示为

$$\boldsymbol{T}_{1j}^{l}(p_0)=\mathrm{ReLU}\left(\sum_{p_n\in R}\boldsymbol{k}_{1j}^{l}(p_n)\bullet\mathrm{ReLU}(\boldsymbol{W}_{1j}^{l}\bullet\boldsymbol{T}^{l-1}(p_0+p_n))+b_{1j}^{l}\right) \tag{3.13}$$

其中，$\boldsymbol{T}^{l-1}(\cdot)$ 为归一化后的第 $l-1$ 层输出；$\boldsymbol{k}_{1j}^{l}$、$\boldsymbol{W}_{1j}^{l}$、b_{1j}^{l} 为分支 1 中第 j 个 2D 卷积核、1D 卷积核、偏差；R 为定义的标准采样网格；p_n 为列举位置。

3.3.4 多特征融合与区域到像素分配

在 3.3.2 节和 3.3.3 节详细讲述了四个分支网络，即两个 GCN 分支网络和两个 CNN 分支网络。多尺度 GCN 通过半监督学习来解决标记样本不足的问题，多尺度 CNN 可以提取多尺度像素级特征，解决超像素方法对异常像素错误分类问题。最后采用级联运算融合四个分支的特征，即

$$\boldsymbol{Y}=\mathrm{Cat}(\boldsymbol{I}_1^l,\boldsymbol{I}_2^l,\boldsymbol{T}_1^l,\boldsymbol{T}_2^l) \tag{3.14}$$

其中，$\mathrm{Cat}(\cdot)$ 表示级联操作；$\boldsymbol{Y}$ 为多特征融合的输出。

为确定每个像素的标签，使用 softmax 分类器对输出特征 $\boldsymbol{Y}$ 进行分类，即

$$O_i=\frac{\mathrm{e}^{\boldsymbol{R}_i\bullet\boldsymbol{Y}+b_i}}{\sum_{i=0}^{C}\boldsymbol{R}_i\bullet\boldsymbol{Y}+b_i} \tag{3.15}$$

其中，C 为土地覆盖地物类别数量；$\boldsymbol{R}_i$ 和 b_i 为可训练参数和偏差。

3.3.5 基于 MFGCN 的高光谱影像分类

前面介绍了特征提取的整个过程。下面利用交叉熵损失函数对训练参数进

行训练，即

$$\mathcal{L} = -\sum_{z \in y_G} \sum_{f=1}^{C} \boldsymbol{Y}_{zf} \ln \boldsymbol{O}_{Gzf}^{(\text{final})} \tag{3.16}$$

其中，y_G 为样本数据集；C 为地物类的数量；$\boldsymbol{Y}_{zf}$ 为标签矩阵，$\boldsymbol{O}_{Gzf}^{(\text{final})}$ 为 MFGCN 的输出。

该方法利用 Adam[157]梯度下降法来更新可训练参数。MFGCN 高光谱影像分类方法如算法 3 所示。

算法 3：MFGCN 高光谱影像分类方法

输入：输入 HSI；分割尺度 S；学习率 lr；迭代次数 T

1：根据式(3.5)利用两层 1×1 CNN 提取像素光谱特征；利用 LDA-SLIC 方法将整张高光谱影像分割成超像素；

2：根据式(3.7)和式(3.8)对超像素输入特征进行转换。根据式(3.9)和式(3.10)构建多尺度图；

3：**for** t =1 to T **do**

4：　　根据式(3.11)和式(3.12)提取多尺度图特征。根据式(3.13)提取多尺度像素特征；

5：　　根据式(3.14)进行多特征融合，根据式(3.15)对像素进行分类；

6：　　通过式(3.16)计算训练损失，并采用 Adam 梯度下降法更新权重矩阵；

7：end

8：基于训练好的网络进行标签预测；

输出：预测像素标签

3.4　实验结果与分析

首先，通过在三个公开的高光谱影像数据集(PU、Salinas 和 UH2013)上的实验对比和分析，评估 MFGCN 的性能。其次，对超参数的选择进行分析。再次，研究 GCN 和 CNN 的消融效应。最后，研究所提方法在有限训练标记样本条件下的分类性能。

3.4.1　实验设置

为了评估 MFGCN 的优越性，采用六种对比模型，包括两种传统的机器学习方法，即多波段紧凑纹理单元(multiband compact texture unit，MBCTU)方法[158]和联合表示与 SVM 决策融合(joint collaborative representation with SVM decision fusion，JSDF)方法[37]；两种基于 CNN 的方法，即多尺度密集网络(multiscale dense network，MSDN)[159]和卷积递归神经网络(convolutional recurrent neural network，CRNN)[21]，以及两种 GNN 方法，即 MSAGE-CAL[30]和 S^2GCN[96]。MFGCN 架构细节如表 3.1 所示。其中，BN 指批量归一化(batch normalization)。

表 3.1　MFGCN 架构细节

模块	细节		
像素到区域分配	LDA SLIC	频谱转换	(1×1 Cov+ReLU+BN) ×2
图构建	计算多尺度邻接矩阵 A	频谱转换	(1×1 Cov+ReLU+BN) ×2
多尺度特征提取	2×(GCN+LeakyReLU+BN) ×2		(3×3 Cov+ReLU+BN) ×2 (5×5 Cov+ReLU+BN) ×2
特征融合	级联操作		
输出	softmax 目标类别		

在 MFGCN 中，应该设置三个超参数，即超像素分割尺度 S、学习率 lr、迭代次数 T。MFGCN 不同数据集的最优超参数设置如表 3.2 所示。

表 3.2　MFGCN 不同数据集的最优超参数设置

数据集	S	T	lr
PU	100	600	0.001
Salinas	100	600	0.001
UH2013	100	600	0.001

实验所用的电脑配置为 GeForce GTX 1080Ti 11GB GPU 和 3.70G Intel i9-10900K CPU。所有实验都重复运行 10 次，计算其标准差和平均值。此外，本章采用总体精度 OA、PA、AA、κ 作为评价指标。实验时，每类选取 30 个标签像素作为训练数据，其余作为测试数据。

3.4.2　分类结果对比分析

1. 定量比较

下面利用上述四个指标在三个数据集上对 MFGCN 进行定量分析，以评估其性能。定量分类结果如表 3.3～表 3.5 所示，最优结果用粗体显示。从分类结果来看，MFGCN 明显优于比较方法。

表 3.3 不同方法在 PU 数据集上的定量实验结果 （单位：%）

项目	MSDN	CRNN	S^2GCN	MSAGE-CAL	MBCTU	JSDF	MFGCN
类别 1	91.20±1.62	79.85±4.62	92.87±3.79	93.93±1.02	87.49±3.99	82.40±4.07	**99.78±0.20**
类别 2	94.61±0.59	82.33±3.17	87.06±4.47	99.90±0.10	89.11±5.58	90.76±3.74	**99.99±0.01**
类别 3	87.18±2.33	89.67±3.69	87.97±4.77	89.75±2.46	86.24±4.23	86.71±4.14	**98.86±1.20**
类别 4	90.29±3.21	91.45±2.44	90.85±0.94	92.16±0.82	90.61±3.39	92.88±2.16	**95.16±1.70**
类别 5	95.64±0.76	94.12±1.78	**100.00±0.00**	98.71±1.29	97.18±1.18	**100.00±0.00**	99.94±0.12
类别 6	88.89±1.28	91.37±2.11	88.69±2.64	82.88±3.46	93.25±2.93	94.30±4.55	**99.96±0.04**
类别 7	92.48±2.36	93.67±1.97	98.88±1.08	99.54±0.26	93.49±2.47	96.62±1.37	**99.23±0.15**
类别 8	82.67±1.34	80.18±3.29	89.97±3.28	96.55±1.71	84.14±4.78	94.69±3.74	**99.35±0.59**
类别 9	95.17±0.57	82.34±4.86	98.89±0.53	96.40±1.33	96.57±1.22	99.56±0.36	**99.83±0.13**
OA	90.90±1.49	85.46±1.75	89.74±1.70	96.14±1.10	89.43±2.14	90.82±1.30	**99.49±0.16**
AA	91.12±1.56	87.22±1.82	92.80±0.47	94.42±0.87	90.90±0.89	93.10±0.65	**99.20±0.28**
κ	91.55±1.63	0.8419±1.43	86.65±2.06	97.12±1.49	86.24±2.62	88.02±1.62	**99.32±0.21**

表 3.4 不同方法在 Salinas 数据集上的定量实验结果 （单位：%）

项目	MSDN	CRNN	S^2GCN	MSAGE-CAL	MBCTU	JSDF	MFGCN
类别 1	98.21±0.67	99.34±0.53	99.01±0.44	**100.00±0.00**	99.18±0.80	**100.00±0.00**	99.98±0.02
类别 2	99.62±0.19	99.17±0.21	99.18±0.59	99.95±0.05	99.76±0.33	**100.00±0.00**	**100.00±0.00**
类别 3	97.43±0.52	96.54±1.39	97.15±2.76	99.90±0.10	99.13±1.04	**100.00±0.00**	**100.00±0.00**
类别 4	97.62±0.97	97.32±0.27	99.11±0.55	**99.93±0.07**	97.61±0.82	**99.93±0.09**	99.76±0.29
类别 5	95.31±1.21	98.75±0.89	97.55±2.35	85.33±4.39	96.54±1.01	**99.77±0.31**	99.12±0.35
类别 6	99.44±0.26	99.19±0.77	99.32±0.35	98.98±1.02	99.74±0.32	**100.00±0.00**	**100.00±0.00**
类别 7	97.28±0.61	98.67±1.30	90.06±0.27	**100.00±0.00**	98.26±1.64	99.99±0.01	99.97±0.03
类别 8	77.21±2.37	72.38±3.98	70.68±5.20	92.59±2.17	81.98±4.32	87.79±4.89	**98.40±1.70**
类别 9	98.62±0.51	97.29±0.61	98.32±1.79	99.98±0.02	99.47±0.51	99.67±0.33	**100.00±0.00**
类别 10	93.18±1.39	91.44±1.64	90.97±2.59	97.27±2.73	92.21±2.75	96.53±2.55	**97.40±2.21**
类别 11	96.21±0.39	96.82±0.78	98.00±1.65	96.47±0.92	96.24±2.68	99.76±0.21	**99.87±0.12**
类别 12	99.99±0.01	99.21±0.32	99.56±0.59	99.74±0.26	98.98±0.45	**100.00±0.00**	**100.00±0.00**
类别 13	96.49±0.92	97.29±0.86	97.83±0.72	97.32±2.68	96.73±1.66	**100.00±0.00**	99.94±0.11

续表

项目	MSDN	CRNN	S^2GCN	MSAGE-CAL	MBCTU	JSDF	MFGCN
类别 14	95.21±0.79	95.10±1.73	95.75±1.65	93.62±3.17	96.50±3.05	98.71±0.72	**99.05±0.43**
类别 15	73.62±2.31	76.33±4.62	70.36±3.62	90.69±2.81	79.41±5.67	81.86±5.26	**99.01±0.78**
类别 16	96.31±0.52	97.99±0.61	96.90±1.97	97.15±1.23	96.89±2.19	98.99±0.63	**99.58±0.57**
OA	91.64±1.67	87.64±0.83	88.39±1.01	96.87±1.20	92.14±0.86	94.67±0.77	**99.28±0.37**
AA	94.48±0.85	94.55±0.57	94.30±0.47	96.81±0.88	95.54±0.56	97.69±0.34	**99.50±0.17**
κ	90.62±0.89	86.72±1.01	87.10±1.12	97.06±0.92	91.25±0.95	94.06±0.85	**99.20±0.41**

表 3.5　不同方法在 UH2013 数据集上的定量实验结果　（单位：%）

项目	MSDN	CRNN	S^2GCN	MSAGE-CAL	MBCTU	JSDF	MFGCN
类别 1	92.62±1.25	82.45±2.19	96.30±3.07	87.21±2.31	92.86±3.83	**97.41±1.21**	96.03±5.07
类别 2	95.28±0.61	84.12±3.64	98.57±1.47	93.74±1.26	92.18±2.79	**99.84±0.25**	98.61±1.12
类别 3	92.33±0.79	91.56±1.07	98.88±0.43	97.01±0.92	97.42±1.19	99.88±0.22	**100.00±0.00**
类别 4	93.46±1.35	91.29±3.78	97.68±2.89	95.21±1.20	90.96±1.98	98.22±2.80	**99.14±1.90**
类别 5	99.21±0.09	98.81±0.62	97.66±1.12	98.94±1.06	97.17±1.29	**100.00±0.00**	**100.00±0.00**
类别 6	88.92±1.33	94.83±2.19	96.84±1.17	94.03±1.47	91.78±3.22	**99.32±1.09**	91.64±6.77
类别 7	85.21±0.92	86.42±3.42	83.48±5.89	91.35±2.91	82.88±3.81	91.32±4.91	**97.64±1.31**
类别 8	79.64±3.66	53.05±8.71	76.15±4.37	82.62±3.61	71.85±5.64	68.82±6.16	**85.42±2.97**
类别 9	81.21±2.39	84.04±4.63	82.17±1.78	88.31±1.74	81.94±4.25	69.47±8.56	**94.29±1.97**
类别 10	78.62±3.72	45.14±8.77	86.85±8.32	96.75±1.35	87.31±5.08	85.63±9.32	**98.70±1.90**
类别 11	86.42±1.51	61.85±9.39	88.57±5.06	92.19±0.91	77.41±6.46	94.51±3.82	**96.80±3.53**
类别 12	81.92±1.37	84.40±2.93	78.64±4.79	90.32±2.68	86.35±5.85	84.33±5.33	**93.14±4.57**
类别 13	83.27±0.68	84.14±3.12	75.62±6.93	88.44±3.76	85.58±5.35	**98.10±1.28**	94.32±7.85
类别 14	97.77±0.68	96.03±0.73	99.45±0.44	98.28±0.42	96.85±1.85	**100.00±0.00**	**100.00±0.00**
类别 15	97.65±0.24	93.45±2.41	98.03±1.07	98.36±0.94	92.27±3.32	**99.86±0.36**	97.46±1.53
OA	88.49±0.96	82.10±1.21	89.31±1.00	92.13±1.02	87.07±1.12	90.51±0.95	**95.24±0.51**
AA	88.90±1.37	79.21±1.02	90.33±1.06	92.85±0.76	89.32±1.08	92.46±0.75	**96.21±0.37**
κ	88.27±1.65	77.61±1.19	88.44±1.08	92.47±1.23	86.01±1.21	89.74±1.03	**94.85±0.55**

表 3.3 显示了七种方法在 PU 数据集上取得的分类结果。可以看到，基于 CNN 的方法和传统机器学习方法取得了相似的分类精度，MSDN 和 CRNN 在

PU 数据集上没有显示出比 MBCTU 和 JSDF 更好的优势。这是因为在有限的训练样本条件下，基于卷积的网络没有得到足够的训练，无法学习高光谱影像的深层空-谱特征。此外，基于 GNN 的方法，即 MSAGE-CAL 和 MFGCN，相对其他方法可以取得更高的分类精度。然而，S^2GCN 是个例外。这主要是因为 MSAGE-CAL 和 MFGCN 采用超像素分割和多尺度机制，从而可以从高光谱影像中学习更多空间特征。更值得注意的是，与 MSAGE-CAL 相比，MFGCN 采用多尺度 CNN 可以学习多尺度像素级局部特征，其在 OA、AA、κ 上分别提高 3.35、4.78、2.19 个百分点。

至于 Salinas 数据集，在表 3.4 中，依然发现 MFGCN 结果要优于对比方法。具体而言，MFGCN 在 OA、AA、κ 指标上与第二名相比分别提高 2.41、2.69、2.14 个百分点。同时，MFGCN 在大多数类别中的 PA 值最高，尤其是类别 8(Grapes-untrained) 和类别 15(Vineyard-untrained)。这说明，该方法对异物同谱目标具有良好的分类能力。此外，JSDF 在 Salinas 数据集也取得出色的分类结果。这说明，传统的机器学习方法也可以通过适当的设计达到与深度学习相当的分类效果。

不同方法在 UH2013 数据集上的定量实验结果如表 3.5 所示。与 PU 数据集和 Salinas 数据集分类结果相比，UH2013 数据集更大，包含更多数据和分类细节，这给分类器带来了挑战。可以看出，MFGCN 具有良好的细节分类效果，并且大多数类别都取得了最大 PA 值。此外，与 MSAGE-CAL 相比，MFGCN 在 OA、AA、κ 指标上分别提高 3.11、3.36、2.38 个百分点。结果表明，MFGCN 的网络设计合理，多尺度 CNN 能够有效提取单个像素多尺度空-谱特征。

2. 定性比较

图 3.4～图 3.6 分别展示了七种方法在三个数据集上的分类结果图。在分类结果图中，不同的土地覆盖类型以不同的颜色呈现。当各方法在三个数据集上的结果图和真值图比较时，可以观察到 MFGCN 方法相比对照方法可以获得更好的分类效果。具体来说，该方法可以提取像素级局部特征，对地物细节具有很好的分类效果。例如，在 PU 数据集和 UH2013 数据集上的分类结果图相对于对比方法结果图包含较少的分类错误。此外，MFGCN 方法还提出一种光谱提取网络来提取和转换超像素的光谱特征，从而提高方法抑制光谱噪声的能力。如图 3.6 所示，MFGCN 方法在类别 8(Grapes-untrained) 和类别 15(Vineyard-untrained) 中表现出更出色的分类能力。总之，可视化结果表明本章提出的方法对高光谱影像分类的设计是合理的。

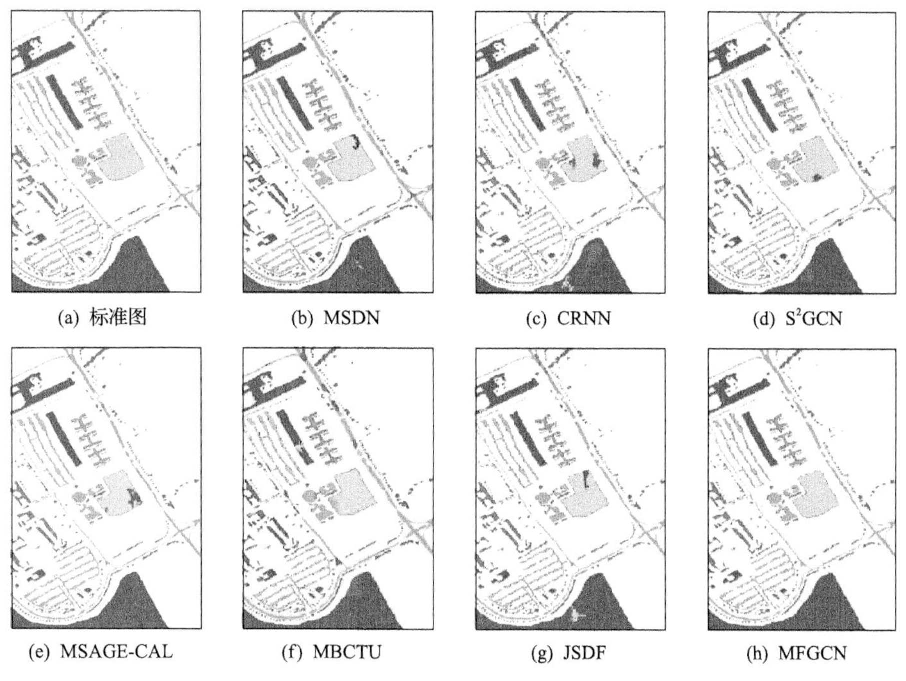

图 3.4　不同方法在 PU 数据集上的分类结果可视化比较

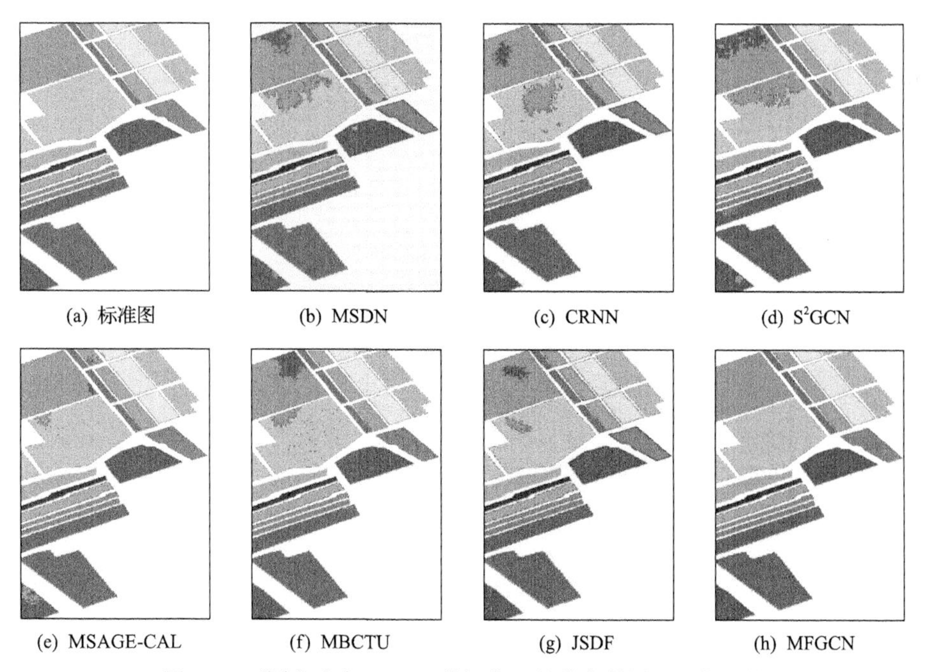

图 3.5　不同方法在 Salinas 数据集上的分类结果可视化比较

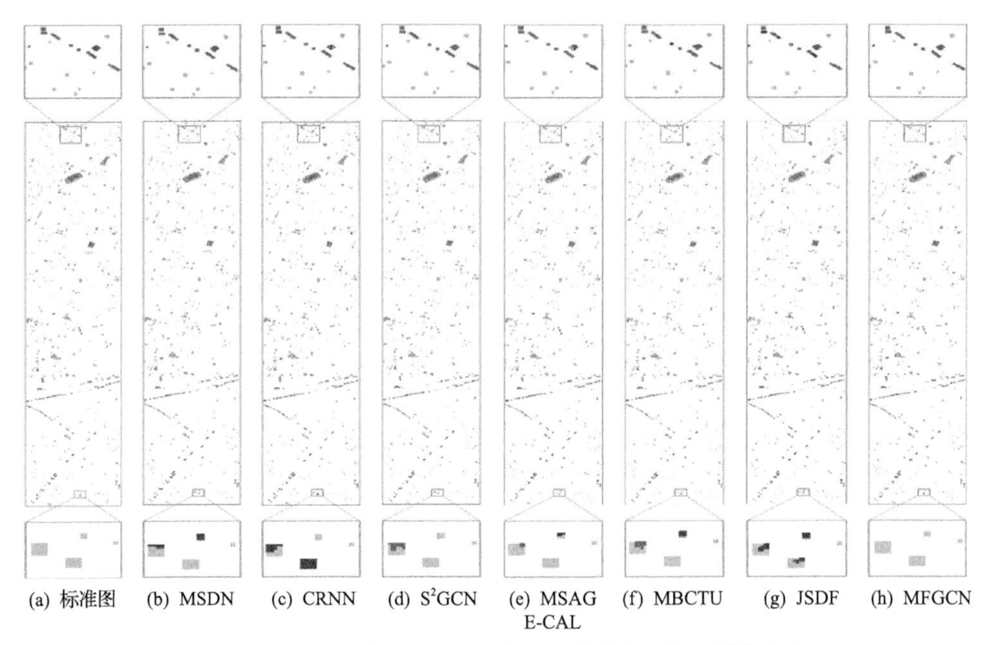
(a) 标准图　(b) MSDN　(c) CRNN　(d) S^{2}GCN　(e) MSAGE-CAL　(f) MBCTU　(g) JSDF　(h) MFGCN

图 3.6　不同方法在 UH2013 数据集上的分类结果可视化比较

3.4.3　超参数的选择

超像素尺度 S、迭代次数 T、学习率 lr 对方法的性能有重要影响。本章最优超参数设置如表 3.2 所示。实验使用网格搜索法寻找最佳设置，采用 OA 指数记录不同参数设置条件下 MFGCN 的性能。

1. lr 和 T 的影响

实验详细研究本章所提方法对 lr 和 T 的敏感度。为了分析两个参数对模型的影响，实验 S 固定为 100。lr 设置为 0.1、0.01、0.001 和 0.001，T 的值以 200 为间隔在 200～1000 变化。图 3.7 显示了三个数据集上不同参数组合下 MFGCN 的 OA 值。可以看出，在 PU 数据集上，当 T 设置为 600 时，方法达到最佳分类精度。至于 Salinas 数据集和 UH2013 数据集，将 T 设置为 600～800 时分类效果达到最佳。在 lr 方面，较大的 lr 可以加快模型参数的训练，但是可能无法获得最佳参数。实验时，可以用较小的 lr 获得最优的 OA，但是相对来说需要更多的时间对模型进行训练。考虑分类精度和学习效率，本章方法中的 lr 设置为 0.001。

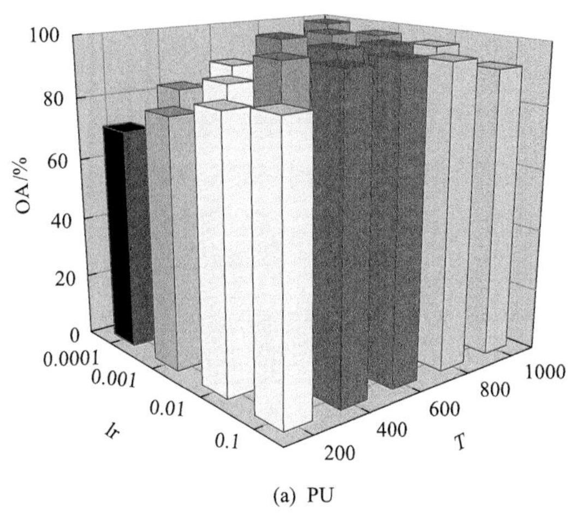

(a) PU

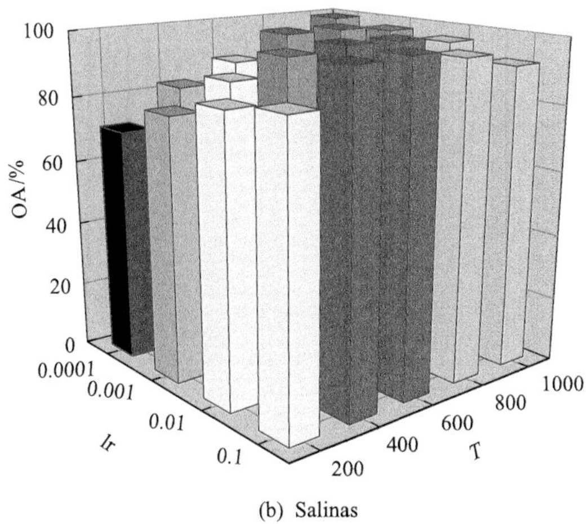

(b) Salinas

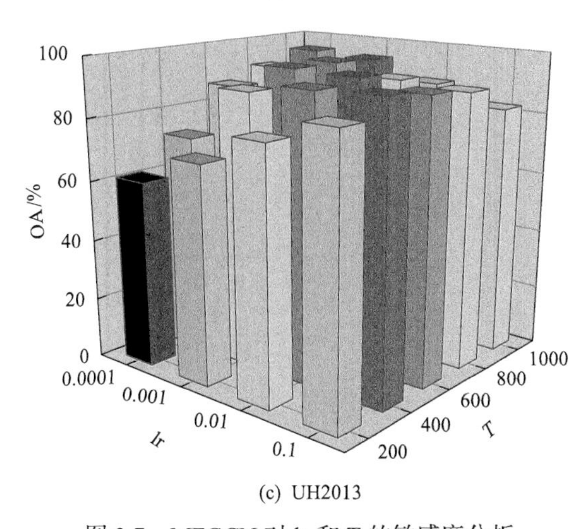

(c) UH2013

图 3.7　MFGCN 对 lr 和 T 的敏感度分析

2. S 选择的影响

超像素尺度 S 决定超像素的大小，并一定程度上影响 MFGCN 的分类精度。在实验中，S 间隔 100 在 100～500 变化。实验设置与 3.4.1 节相同，结果如图 3.8 所示。该方法在三个数据集上的分类精度随着 S 的增加而降低。这主要是因为 S 越小，超像素越小，可以保留更多的局部特征。较小的 S 可以在得到更多超像素的同时提高分类精度。也就是说，S 越小，所构建的图越大，包含的节点越多，需要更大的计算能力。由于实验计算机的限制，本章所提方法的 S 固定为 100。

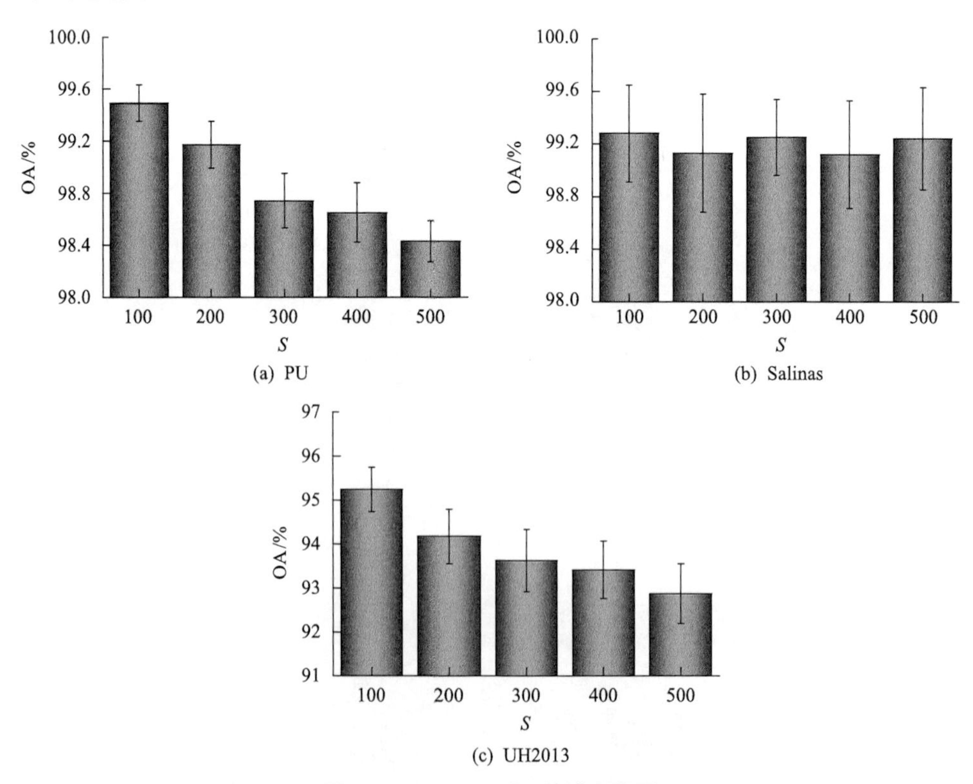

图 3.8　MFGCN 对 S 敏感度分析

3.4.4 消融实验

MFGCN 主要由两部分组成，即多尺度 GCN 和多尺度 CNN。光谱变换机制、多尺度操作、GCN、CNN 对提高分类性能至关重要。实验在 PU 数据集上验证各组成模块对所提方法的影响，并用 OA、AA、κ 记录四个模块消融实验产生的结果。为了简单起见，使用 MFGCN-V_1、MFGCN-V_2、MFGCN-V_3、

MFGCN-V_4 表示去除光谱变换机制、多尺度操作、GCN、CNN 的简化方法。消融实验结果如表 3.6 所示。从结果来看，与 MFGCN-V_1、MFGCN-V_2、MFGCN-V_3、MFGCN-V_4 相比，MFGCN 具有更高的 OA、AA、κ 值，这验证了光谱变换机制、多尺度操作、GCN 和 CNN 对提高高光谱影像分类性能具有一定的作用。

表 3.6 MFGCN 在 PU 数据集上消融实验结果 （单位：s）

指标	MFGCN-V_1	MFGCN-V_2	MFGCN-V_3	MFGCN-V_4	MFGCN
OA	97.39±0.19	98.16±0.52	88.83±0.23	94.27±0.51	**99.49±0.16**
AA	96.82±0.25	98.47±0.47	89.13±0.18	93.59±0.67	**99.20±0.28**
κ	97.16±0.29	98.31±0.29	88.47±0.32	94.18±0.29	**99.32±0.21**

3.4.5 不同数量的训练样本对 MFGCN 方法性能影响分析

由于像素标记困难，高光谱影像面临着标记样本不足的问题。实验分析 MFGCN 在有限训练样本下的分类能力。在实验中，训练样本的数量以 5 为间隔在 5～30 变化。用 OA 记录各方法产生的结果。其他实验装置与 3.4.1 节一致。图 3.9 展示了不同方法在三个数据集上的分类结果。如图 3.9 所示，在三个数据集上，MFGCN 的性能超过所有对比方法。具体来说，随着训练样本的增加，所有分类方法的 OA 值都得到改善，这主要由分类器得到更好的训练。由于 GCN 可以学习相邻节点之间的相互关系，因此基于 GCN 的方法结果要优于其他方法。此外，基于 CNN 的方法性能是不稳定的，尤其是当标记样本的数量较少时。因为本章方法综合利用了 CNN 和 GCN 的优点，能很好地学习像素级局部特征，提高其在有限样本条件下的适应性。

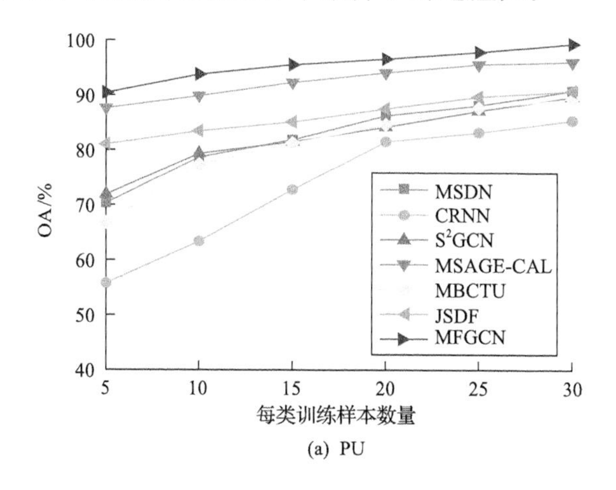

(a) PU

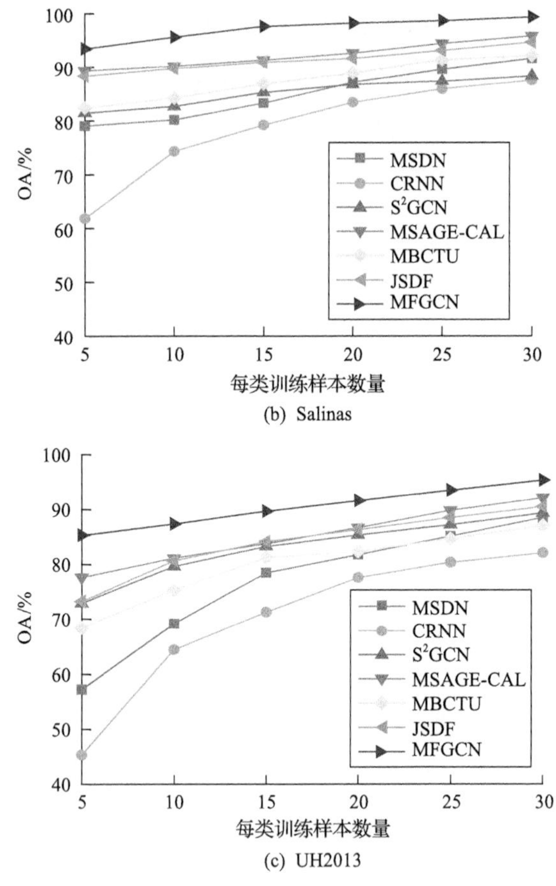

(b) Salinas

(c) UH2013

图 3.9　有限训练样本条件下各分类方法表现

3.5　本 章 小 结

本章介绍多尺度 GCN 和多尺度 CNN 结合的高光谱影像分类方法。首先，提出一种超像素分割方法来学习土地覆盖地物的语义结构关系，降低算法计算复杂度。同时，与大多数现有方法不同的是采用 1D CNN 提取超像素（节点）的光谱特征。随后，构造不同尺度的图，利用两个分支 GCN 从图中提取多尺度特征。为了提取像素的局部特征，并在像素级对高光谱影像进行分类，提出一种基于像素的多尺度 CNN。最后，采用级联操作融合互补的多尺度特征。三个数据集上的实验表明，本章方法能够取得较好的实验结果，并且优于对比方法。

本章所提 MFGCN 方法采用多尺度 GCN 和多尺度 CNN 相结合的方法，

提取多尺度超像素和像素级空-谱特征，用于高光谱影像分类。该方法可以取得较高的分类精度。但是，CNN 的引入会增加计算复杂度，并且不能从根本上解决图神经网络计算复杂的问题。如何对现有图神经网络基本框架进行改进,降低图卷积核计算复杂度,提高抑制噪声的能力是下一步需要研究的问题。

第 4 章　自回归滑动平均高光谱影像特征提取与分类

4.1　引　言

GNN 能够学习图中节点的相互关系，在图数据上进行半监督学习和分类。需要注意的是，GNN 是一个集合，与 GCN 存在差别，GCN 只是其中的一种网络形式。GCN 是常见的 GNN 方法，在图数据处理中被广泛应用，能够取得较好的效果[103,160,161]。第 3 章采用多尺度 GCN 和多尺度 CNN 结合方法，将提取的多尺度超像素和像素级空-谱特征用于高光谱影像分类，取得了较高的分类精度。但是，该方法依然存在一些问题[7,162,163]：一是，GCN 需要较高的计算成本(由频谱滤波器产生)，这是高光谱影像分类任务面临的一个重要瓶颈问题；二是，GCN(使用频谱滤波器)无法有效抑制噪声，对于具有相似频谱特征的类别，分类效果不理想；三是，传统的 GCN 方法无法有效地保留每个卷积层的局部特征，这会导致随着卷积层数量的增加，出现过度平滑(每个节点的表示趋于一致)。因此，GCN 的设计不能太深，这限制了网络提取高光谱影像和图形的深层特征。

针对上述问题，为进一步提升高光谱影像方法分类的性能，本章提出一种基于 ARMA 滤波器和上下文感知学习的 DARMA-CAL。在这项工作中，设计了 ARMA 滤波器来代替 GCN 中的频谱滤波器。ARMA 滤波器能较好地捕捉全局图结构，对噪声具有较强的鲁棒性。更重要的是，与频谱滤波器相比，ARMA 滤波器可以简化计算。此外，本章还证明 ARMA 滤波器可以用递归方法逼近，进而提出一种基于 ARMA 滤波器的稠密结构 DARMA。它不但可以在原理上实现 ARMA 滤波器，而且具有局部特征保持性。最后，设计一种分层上下文感知学习机制，提取 DARMA 网络层有用局部信息。

本章的主要贡献是，将 ARMA 滤波器引入 GCN，用于高光谱影像分类。ARMA 滤波器对噪声更具鲁棒性，并且可以简化计算；提出一种新的稠密连接结构，不但可以实现 ARMA 滤波器，而且可以解决 GCN 的过度平滑问题；设计了一种分层上下文感知学习机制来提取有用的层局部信息，该机制可以根据分类目标自动提取有用卷积层局部特征信息，以提高分类方法对不同分类目标的适应性。

4.2　自回归滑动平均卷积核实现

ARMA 模型是时间序列预测中应用最广泛的自回归模型之一。ARMA 假设未来值是过去值和过去误差的线性组合[164]。变量 X_t^A 在时间 t 处的值可表示为

$$X_t^A = \sum_{i=1}^{\alpha} \phi_i X_{t-i} - \sum_{j=1}^{\beta} \psi_j \varepsilon_{t-j} + \varepsilon_t \tag{4.1}$$

其中，ε_{t-j} 为时间 $t-j$ 处的随机误差；ϕ_i 和 ψ_j 为表达式系数；X_{t-i} 为过去时间 $t-i$ 处的值；β 和 α 为移动平均和自回归多项式数量。

如果 $\psi_j = 0$，则式(4.1)转换为自回归模型；如果 $\phi_i = 0$，则式(4.1)可转换为移动平均模型。

假设 $\boldsymbol{X}^{(0)}, \boldsymbol{X}^{(1)}, \boldsymbol{X}^{(2)}, \cdots, \boldsymbol{X}^{(k)}, \cdots, \boldsymbol{X}^{(K)}$ 为图上节点动态信号，并且满足 $\boldsymbol{X}^{(0)} = \boldsymbol{X}, \boldsymbol{X}^{(k+1)} = \boldsymbol{L}\boldsymbol{X}^{(k)}$。MA 项用滤波器过滤后的信号 $\bar{\boldsymbol{X}}$ 可以表示为

$$\bar{\boldsymbol{X}} = \psi_0 \boldsymbol{X}^{(0)} + \psi_1 \boldsymbol{X}^{(1)} + \cdots + \psi_{K-1} \boldsymbol{X}^{(K-1)} \tag{4.2}$$

由 AR 项执行的滤波操作可以表示为

$$\bar{\boldsymbol{X}} = \phi_0 \bar{\boldsymbol{X}}^{(0)} + \phi_1 \bar{\boldsymbol{X}}^{(1)} + \cdots + \phi_K \bar{\boldsymbol{X}}^{(K-1)} \tag{4.3}$$

合并式(4.2)和式(4.3)，式(4.1)可以表示为

$$\left(\boldsymbol{I} + \sum_{k=1}^{K} \phi_k \boldsymbol{L}^k \right) \bar{\boldsymbol{X}} = \left(\sum_{k=1}^{K-1} \psi_k \boldsymbol{L}^k \right) \boldsymbol{X} \tag{4.4}$$

然后，将式(4.4)转换为图节点空间过滤关系，可以表示为

$$\bar{\boldsymbol{X}} = \left(\boldsymbol{I} + \sum_{k=1}^{K} \phi_k \boldsymbol{L}^k \right)^{-1} \left(\sum_{k=1}^{K-1} \psi_k \boldsymbol{L}^k \right) \boldsymbol{X} \tag{4.5}$$

由于考虑卷积过程对结果的影响，并在模型中加入噪声项，ARMA 滤波器能更好地捕捉全局图结构，对噪声具有更强的鲁棒性。然而，式(4.5)的计算仍然很复杂，将在 4.3.2 节进行讨论。

4.3　DARMA-CAL 高光谱影像分类

本节详细讲解 DARMA-CAL 应用于高光谱影像分类的具体细节。方法的主要流程(图 4.1)是，首先将输入的高光谱影像(图 4.1(a))分割成超像素图(图 4.1(b))；其次构建 DARMA 网络从超像素图中提取图空-谱特征(图 4.1(c)和图 4.1(d))；最后通过上下文感知学习提取层上下文信息，用于分类并产生分类结果(图 4.1(e))。

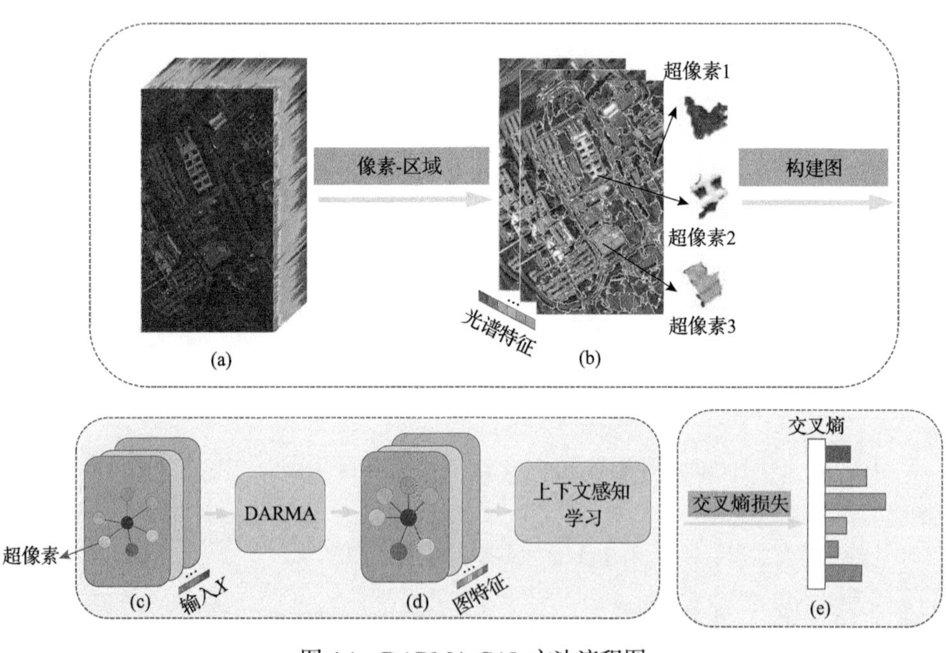

图 4.1　DARMA-CAL 方法流程图

4.3.1　像素到区域转换和图构建

下面详细介绍高光谱影像预处理，框架如图 4.2 所示。将超像素视为图节点，用来提高方法的计算效率。

给定图 $\mathcal{G}=(v,\xi,\boldsymbol{A})$，邻接矩阵 $\boldsymbol{A}_{i,j}\in\mathbf{R}^{N\times N}$ 可以表示为

$$\boldsymbol{A}_{i,j}=\begin{cases}\mathrm{e}^{-\gamma\|\boldsymbol{x}_i-\boldsymbol{x}_j\|^2}, & \boldsymbol{x}_i\in\mathcal{N}_t(\boldsymbol{x}_j)\text{或}\,\boldsymbol{x}_j\in\mathcal{N}_t(\boldsymbol{x}_i)\\ 0, & \text{其他}\end{cases}\tag{4.6}$$

其中，$\boldsymbol{x}_i$ 和 $\boldsymbol{x}_j$ 为节点 i 和节点 j 的光谱特征(超像素)；$\mathcal{N}_t(\boldsymbol{x}_j)$ 为 $\boldsymbol{x}_j$ 的 t 跳邻

居；$\gamma = 0.2$ 为经验值。

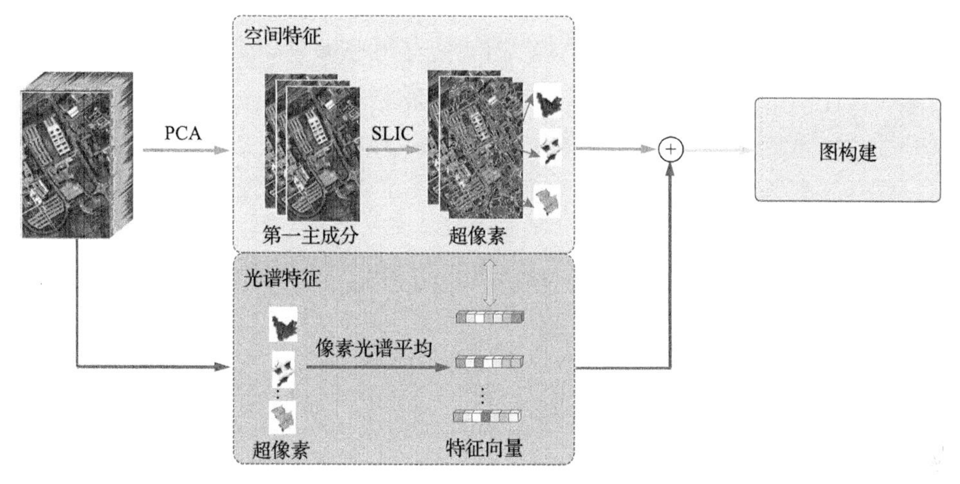

图 4.2　高光谱影像预处理框架

然而，由于高光谱影像空间维度中包含大量像素，如果将像素作为图节点将带来大量的计算量。用于后续卷积和分类的节点越多，对计算机计算能力的要求就越高，这对高光谱影像分类方法的实用性提出挑战。为了解决这一问题，采用图像分割技术将高光谱影像分割成小块，小块包含的像素具有很强的空-谱相关性。

给定包含 $m = H \times W$ 和 B 个光谱段高光谱影像立方体 $\{\boldsymbol{x}_1, \boldsymbol{x}_2, \cdots, \boldsymbol{x}_m\}$，用超像素可以表示为

$$\text{HSI} = \bigcup_{i=1}^{N} S_i,\quad S_i \cap S_j = \varnothing;\quad i \neq j; i, j = 1, 2, \cdots, N \tag{4.7}$$

其中，N 为超像素的总数；S_i 为包含 n_i 个像素的超像素。

由于经典分割方法最初是为分割 RGB 图像而设计的，其工作空间的维数不能超过三维，无法直接使用经典分割方法将高光谱影像分割为超像素，因此要将高光谱影像分割为超像素，有必要对高光谱影像进行光谱降维。本章方法使用无监督主成分分析(principal components analysis，PCA)[165]降低高光谱影像的光谱维数，并使用第一个主成分生成包含丰富原始光谱信息的高光谱伪影像。然后，采用 SLIC 方法[150]分割整张高光谱伪影像。最后，提取超像素中包含像素的平均光谱特征值作为超像素的特征向量并输入网络。该操作在很大程度上会抑制噪声像素对输入特征的影响。

4.3.2 ARMA 图卷积层

与多项式滤波器相比，ARMA 图滤波器可以捕获更多的全局结构和更长的依赖关系[164]。然而，式(4.5)中的矩阵求逆会产生密集矩阵，这会增加计算复杂性。更重要的是，ARMA 滤波器不能稀疏地实现 GNN。为了避免这些问题，可以改变 ARMA 滤波器的实现方法。本章提出使用递归方法逼近 ARMA 滤波器，证明如下。

证明： 一阶递归滤波器 ARMA_1 可以表示为

$$\bar{\boldsymbol{X}}^{(t+1)} = a\boldsymbol{M}\bar{\boldsymbol{X}}^{(t)} + b\boldsymbol{X} \tag{4.8}$$

其中，$\boldsymbol{M} = \frac{1}{2}(\lambda_{\max} - \lambda_{\min})\boldsymbol{I} - \boldsymbol{L}$，$\lambda_{\max}$ 和 $\lambda_{\min}$ 为 $\boldsymbol{L}$ 的最大特征值和最小特征值；a 和 b 为相关系数。

根据式(4.8)的收敛性，ARMA_1 滤波器的频率响应可以表示为

$$\bar{\boldsymbol{X}} = \lim_{t\to\infty}\left[(a\boldsymbol{M})^t\,\bar{\boldsymbol{X}}^{(0)} + b\sum_{i=1}^{t}(a\boldsymbol{M})^i\boldsymbol{X}\right] \tag{4.9}$$

其中，$|a|<1$；当 $t\to\infty$ 时，$(a\boldsymbol{M})^t$ 对于任何 $\bar{\boldsymbol{X}}^{(0)}$ 都趋近于零；对于等式第二项，当 $t\to\infty$ 时，根据几何级数收敛定理，几何级数 $b\sum_{i=1}^{t}(a\boldsymbol{M})^i$ 可以收敛到一个矩阵，表示为

$$\lim_{t\to\infty}\left(b\sum_{i=1}^{t}(a\boldsymbol{M})^i\right) = b(I - a\mu_m)^{-1} \tag{4.10}$$

其中，$\mu_m = \frac{1}{2}(\lambda_{\max} - \lambda_{\min}) - \lambda_m$，$\mu_m \in [-1,1]$，$\mu_m$ 和 λ_m 为 $\boldsymbol{M}$ 和 $\boldsymbol{L}$ 的第 m 个特征值。

ARMA_1 滤波器的频率响应可表示为

$$h_{\mathrm{ARMA}_1}(\mu_m) = \frac{b}{1 - a_{\mu_m}} \tag{4.11}$$

式(4.5)中 ARMA_K 滤波器的解析形式可以通过对 K 个 ARMA_1 滤波器求和来实现，最终的滤波操作可以表示为

$$\bar{\boldsymbol{X}}=\sum_{k=1}^{K}\sum_{m=1}^{M}\frac{b_k}{1-a_k\mu_m}\boldsymbol{u}_m\boldsymbol{u}_m^{\mathrm{T}}\boldsymbol{X} \tag{4.12}$$

其中，$h_{\mathrm{ARMA}_k}(\mu_m)=\sum_{k=1}^{K}\frac{b_k}{1-a_k\mu_m}$。

式(4.5)和式(4.12)在数学上是等价的，这证明利用递归方法可以逼近实现 ARMA 滤波器。

根据式(4.8)，ARMA_1 图卷积运算表达形式可表示为

$$\bar{\boldsymbol{X}}^{(l+1)}=\sigma(\tilde{\boldsymbol{L}}\bar{\boldsymbol{X}}^{(l)}\boldsymbol{W}+\boldsymbol{X}\boldsymbol{V}) \tag{4.13}$$

其中，$\boldsymbol{V}$ 和 $\boldsymbol{W}$ 为可训练参数；$\bar{\boldsymbol{X}}$ 为节点特征；σ 为激活函数 ReLU，若 $\lambda_{\max}=2$ 和 $\lambda_{\min}=0$，则其拉普拉斯函数满足 $\tilde{\boldsymbol{L}}=\boldsymbol{M}$，这可以补偿 $\boldsymbol{W}$ 和 $\boldsymbol{V}$ 引起的偏差。

每个 ARMA_1 层通过聚集局部邻域中的节点信息来提取局部子结构信息。此外，ARMA_1 层是 DARMA 模型中的基本卷积层。ARMA_l 卷积层的输出为

$$\mathrm{ARMA}_l=H(\bar{\boldsymbol{X}}^{(l-1)}) \tag{4.14}$$

其中，$\bar{\boldsymbol{X}}^{(l-1)}$ 为 ARMA_{l-1} 卷积层的输出；$H(\cdot)$ 为式(4.13) ARMA_1 图卷积运算。

4.3.3　具有稠密连接的邻域聚合

如上所述，可以通过递归方法近似 ARMA 滤波器。但是，递归过程无法保存卷积中间过程信息以供后续处理。此外，传统 GCN 的图形表示过度关注图全局信息，而忽视局部信息的保留，这会导致网络的过度平滑问题[166]。为了解决这些问题，方法将每个隐含卷积层直接连接到所有后续的卷积层。由此产生的体系结构类似于在计算机视觉问题中被广泛应用的 DenseNets[167]结构。如图 4.3 所示，每一层由一个 ARMA_1 图卷积层组成，圆和线表示超像素(图形节点)和边，节点的不同颜色表示不同的土地覆盖类型，Gconv 的不同颜色表示不同的卷积层，因此第 l 层输出会接收所有前面图卷积层的特征。第 l 层输出 $\boldsymbol{h}_v^{(l)}$ 可以表示为

$$\boldsymbol{h}_v^{(l)}=H(\boldsymbol{h}_G^{(l-1)}) \tag{4.15}$$

其中，$\boldsymbol{h}_G^{(l-1)}$ 为 l–1 层的输出；$H(\cdot)$ 为 ARMA_1 图卷积运算。

如图 4.3 所示，可以将 DARMA 的第 l 层输出表示为

$$\boldsymbol{h}_G^{(l)} = H(\boldsymbol{h}_G^{(l-1)}) + \sum_{k=0}^{l-1} \boldsymbol{h}_v^{(k)} \tag{4.16}$$

当$3 < l < 7$时，式(4.16)可转换为

$$\begin{aligned}\boldsymbol{h}_G^{(l)} = \Bigg\{ & \mathrm{ARMA}_1 + (l-1)\mathrm{ARMA}_2 + \left[(k-5)(l-2) + \sum_{k=0}^{l-3} k \right] \mathrm{ARMA}_k + \cdots \\ & + (l-1)\mathrm{ARMA}_{l-1} + \mathrm{ARMA}_l \Bigg\} X\end{aligned} \tag{4.17}$$

其中，l 为网络的卷积层；k 表示第 k 个 ARMA_k 滤波器(局部特征)。

根据式(4.15)和式(4.16)可知，DARMA 在保留各卷积层局部信息的同时可以实现 ARMA 图卷积的功能。

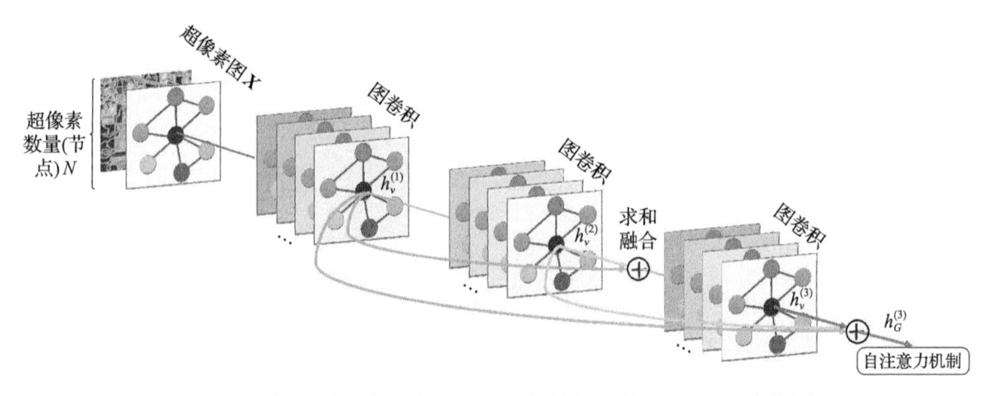

图 4.3　高光谱影像分类的三层局部特征保持 DARMA 示意图

4.3.4　基于注意力的全局分层聚合

通过引入 DARMA，每个卷积层都可以保留前一个卷积层的所有特征信息。然而，随着网络深度的增加，输出层包含越来越多的特征信息，这将导致提取有用信息存在困难。然而，不同的分类目标需要不同的特性，为了获得全局上下文特征，该网络采用图注意力机制来提取不同层之间的不同关联度特征。通过图注意力机制计算输出中任意两层之间的关系，以适应特定任务。给定不同层图可表示为$\left\{\boldsymbol{h}_v^{(1)}, \boldsymbol{h}_v^{(2)}, \cdots, \boldsymbol{h}_v^{(l)}\right\}$，采用层聚焦注意机制计算层局部特征

输出。第 l 层的注意力系数 α_l（$\sum_{l=1}^{L}\alpha_l = 1$）可表示为

$$\alpha_l = \text{softmax}(\boldsymbol{W}_2 \cdot \sigma(\boldsymbol{W}_1 \cdot \boldsymbol{h}_v^{(l)})) \tag{4.18}$$

其中，$\boldsymbol{W}_1$、$\boldsymbol{W}_2 \in \mathbf{R}^{d_0 \times d_0}$ 为可训练的系数矩阵；$\sigma(\cdot)$ 为非线性激活函数，即 LeakyReLU$(\cdot)$；softmax 为归一化函数。

然后，最终图表达 $\boldsymbol{h}_G^{(\text{final})}$ 可以表示为前一层特征的加权平均值，即

$$\boldsymbol{h}_G^{(\text{final})} = \sigma\left(\sum_{k=0}^{K}\alpha_k(\boldsymbol{W}_1 \cdot \boldsymbol{h}_v^{(k)})\right) \tag{4.19}$$

其中，k 为 DARMA 的网络层数量；α_k 为学习到的注意力权重。

$\boldsymbol{h}_G^{(\text{final})}$ 包含丰富特征信息，用于不同高光谱影像分类，增强模型对不同高光谱影像分类任务的适应性。

4.3.5 基于 DARMA-CAL 的高光谱影像分类

首先，用式(4.6)和式(4.7)描述高光谱影像预处理过程，这是后续网络的输入。然后，利用 DARMA 提取图特征。最后，在网络上进行上下文感知学习，DARMA-CAL 的输出为 $\boldsymbol{h}_G^{(\text{final})}$。在本章提出的 DARMA-CAL 中，采用交叉熵误差惩罚 DARMA-CAL 输出和标签示例之间的差异，即

$$\mathcal{L} = -\sum_{z \in y_G}\sum_{f=1}^{C}\boldsymbol{Y}_{zf}\ln\boldsymbol{h}_{Gzf}^{(\text{final})} \tag{4.20}$$

其中，y_G 为样本数据集；$\boldsymbol{Y}_{zf}$ 为标签矩阵；C 为地物类的数量。

采用 Adam 梯度下降[157]更新 DARMA-CAL 的参数。DARMA-CAL 方法高光谱影像分类如算法 4 所示。

算法 4：DARMA-CAL 方法高光谱影像分类

输入： 输入 HSI；学习率 lr；迭代次数 T

1：　利用 PCA-SLIC 方法将整张高光谱影像分割成超像素；

2：　根据式(4.6)和式(4.7)提取超像素光谱输入特征和构建图；

3：　训练 DARMA-CAL 模型；

4: **for** t=1 to T **do**
5: 　根据式(4.16)提取图特征；
6: 　归一化 dropout 和 ReLU；
7: 　根据式(4.18)为不同层特征指定不同的权重；
8: 　根据式(4.19)进行上下文感知学习；
9: 　通过式(4.20)计算训练损失，并采用 Adam 梯度下降法更新权重矩阵；
10: **end**
11: 基于训练好的网络进行标签预测；
输出：预测像素标签

4.4 实验结果与分析

通过实验验证 DARMA-CAL 方法的性能。首先，在三个真实高光谱影像数据集，即 PU、Salinas、UH2013 数据集上，将 DARMA-CAL 与六种最新的高光谱影像分类方法进行比较。然后，分析超参数对 DARMA-CAL 性能的影响，研究密集结构和上下文感知学习的消融效应。最后，给出不同方法的训练时间对比。

4.4.1 实验设置

在实验中，DARMA-CAL 通过 Pytorch 和 Adam 优化器对网络进行训练。DARMA-CAL 中的超参数选择，包括分割尺度 N、学习率 lr、DARMA 层数 L 和迭代次数 T。DARMA-CAL 不同数据集的最优超参数设置如表 4.1 所示。

表 4.1　DARMA-CAL 不同数据集的最优超参数设置

数据集	N	lr	L	T
PU	20000	0.001	3	500
Salinas	600	0.001	3	1000
UH2013	35000	0.001	3	500

为了在三个真实 HSI 数据集上对这六种方法进行定量比较，采用 OA、PA、AA 和 κ 作为评价指标来评估对比方法的性能。

实验时，对于上述三个高光谱影像数据集，在每个类中随机选择 30 个标记像素进行训练，其余像素用于测试。此外，在训练过程中，90%的训练集被随机用于更新网络参数，其余 10%的训练样本被用来调整参数。

为了验证 DARMA-CAL 的性能，DARMA-CAL 将与两种 CNN 方法，即 MSDN[159]和 CRNN[168]；两种 GCN 方法，即 S^2GCN[96]和 MDGCN[33]；两种传统的机器学习方法，即联合协作表示和 JSDF[37]、MBCTU[158]进行对比。表 4.2 给出 DARMA-CAL 方法的结构细节。所有实验都重复运行 10 次，计算其标准差和平均值。

表 4.2 DARMA-CAL 方法的结构细节

模块	细节
像素到区域分配	PCA SLIC 超像素光谱特征(输入)
图构建	计算图连接矩阵 $\boldsymbol{A}$
原始图处理	紧密连接 ARMA 网络(图 4.3) $ARMA_1$ 层数=3，两层之间 ReLu 和 BN
上下文感知学习	图层注意力层 BN
输出	交叉熵(目标类别)

4.4.2 分类结果对比分析

本节通过将提出的方法与上述六种最新方法进行比较，定量和定性地评估 DARMA-CAL 的分类性能。

1. PU 数据集的结果

不同方法在 PU 数据集上的定量实验结果如表 4.3 所示。由此可知，本章提出的 DARMA-CAL 方法在 OA、AA 和 κ 方面优于对比方法。这标志着模型理论设计的优越性。值得注意的是，GCN 取得了良好的分类结果，尤其是 MDGCN 方法。虽然 MDGCN 模型取得了很好的分类效果，但是其在类别 4(Trees)和类别 9(Shadows)中的分类精度明显低于 DARMA-CAL，这表明 DARMA-CAL 方法对高光谱影像细节分类具有很好的适应性。

表 4.3 不同方法在 PU 数据集上的定量实验结果 (单位：%)

项目	MSDN	CRNN	S^2GCN	MDGCN	MBCTU	JSDF	DARMA-CAL
类别 1	91.20±1.62	79.85±4.62	92.87±3.79	93.55±0.37	87.49±3.99	82.40±4.07	**97.76±1.67**

续表

项目	MSDN	CRNN	S²GCN	MDGCN	MBCTU	JSDF	DARMA-CAL
类别 2	94.61±0.59	82.33±3.17	87.06±4.47	**99.25±0.23**	89.11±5.58	90.76±3.74	97.67±1.32
类别 3	87.18±2.33	89.67±3.69	87.97±4.77	92.03±0.24	86.24±4.23	86.71±4.14	**97.87±1.78**
类别 4	90.29±3.21	91.45±2.44	90.85±0.94	83.78±1.55	90.61±3.39	92.88±2.16	**96.21±2.33**
类别 5	95.64±0.76	94.12±1.78	**100.00±0.00**	99.47±0.09	97.18±1.18	**100.00±0.00**	96.05±2.45
类别 6	88.89±1.28	91.37±2.11	88.69±2.64	95.26±0.50	93.25±2.93	94.30±4.55	**99.82±0.59**
类别 7	92.48±2.36	93.67±1.97	98.88±1.08	98.92±1.04	93.49±2.47	96.62±1.37	**99.77±0.20**
类别 8	82.67±1.34	80.18±3.29	89.97±3.28	94.99±1.33	84.14±4.78	94.69±3.74	**96.28±1.65**
类别 9	95.17±0.57	82.34±4.86	98.89±0.53	81.03±0.49	96.57±1.22	**99.56±0.36**	96.62±0.71
OA	90.90±1.49	85.46±1.75	89.74±1.70	95.68±0.22	89.43±2.14	90.82±1.30	**97.71±0.82**
AA	91.12±1.56	87.22±1.82	92.80±0.47	93.15±0.28	90.90±0.89	93.10±0.65	**97.56±0.53**
κ	91.55±1.63	84.19±1.43	86.65±2.06	94.25±0.29	86.24±2.62	88.02±1.62	**98.24±0.76**

不同方法在 PU 数据集上的分类结果可视化比较如图 4.4 所示。目视检查表明，DARMA-CAL 方法结果与地面真值图最为接近，分类错误最小。同时，由于缺乏层局部特征保持机制，比较方法产生的分类结果图包含许多分类错误。

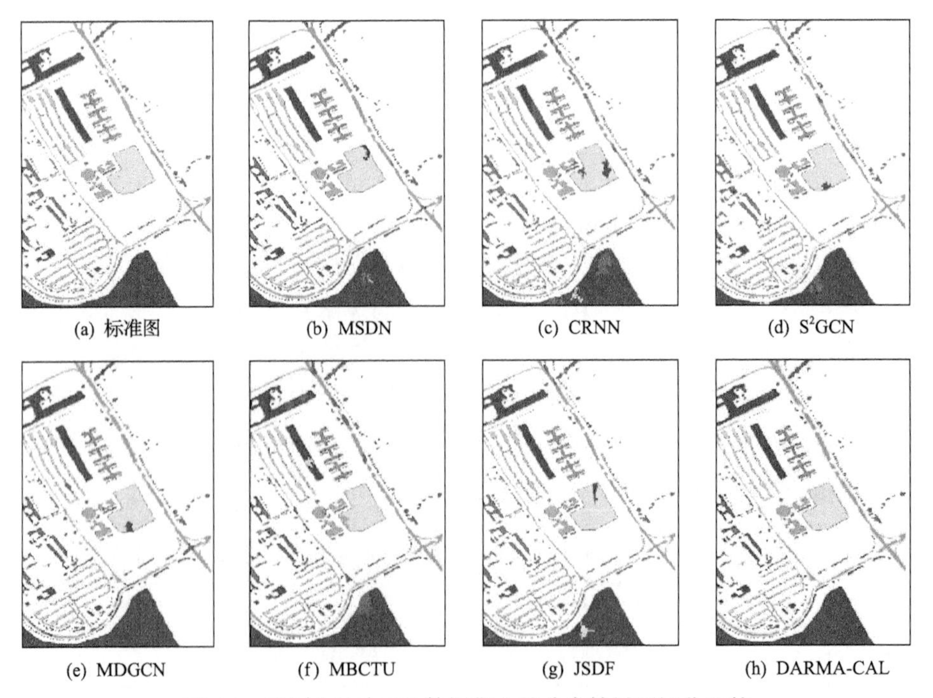

(a) 标准图　(b) MSDN　(c) CRNN　(d) S²GCN

(e) MDGCN　(f) MBCTU　(g) JSDF　(h) DARMA-CAL

图 4.4　不同方法在 PU 数据集上的分类结果可视化比较

2. Salinas 数据集的结果

不同方法在 Salinas 数据集上的定量实验结果如表 4.4 所示。类别 8(Grapes-untrained) 和类别 15(Vineyard-untrained) 具有相似的光谱特征，分类结果低于其他类别。然而，由于 ARMA 滤波器对噪声有抑制作用，DARMA-CAL 仍取得较好的分类效果。此外，JSDF 在大多数类别中取得了更好的分类结果。然而，在 OA 和 κ 方面的性能低于 DARMA-CAL，因为 JSDF 方法不同类别分类之间存在分类不平衡问题。如图 4.5 所示，与其他六个对比方法相比，DARMA-CAL 明显更接近地面标准图，这进一步显示了 DARMA-CAL 的分类优势。

表 4.4 不同方法在 Salinas 数据集上的定量实验结果 (单位：%)

项目	MSDN	CRNN	S^{2}GCN	MDGCN	MBCTU	JSDF	DARMA-CAL
类别 1	98.21±0.67	99.34±0.53	99.01±0.44	99.98±0.03	99.18±0.80	**100.00±0.00**	**100.00±0.00**
类别 2	99.62±0.19	99.17±0.21	99.18±0.59	99.90±0.28	99.76±0.33	**100.00±0.00**	**100.00±0.00**
类别 3	97.43±0.52	96.54±1.39	97.15±2.76	99.80±0.21	99.13±1.04	**100.00±0.00**	**100.00±0.00**
类别 4	97.62±0.97	97.32±0.27	99.11±0.55	97.49±2.16	97.61±0.82	**99.93±0.09**	99.42±0.57
类别 5	95.31±1.21	98.75±0.89	97.55±2.35	97.96±0.77	96.54±1.01	**99.77±0.31**	98.04±1.27
类别 6	99.44±0.26	99.19±0.77	99.32±0.35	99.10±1.67	99.74±0.32	**100.00±0.00**	99.34±0.61
类别 7	97.28±0.61	98.67±1.30	90.06±0.27	98.18±1.49	98.26±1.64	**99.99±0.01**	99.86±0.12
类别 8	77.21±2.37	72.38±3.98	70.68±5.20	92.78±4.61	81.98±4.32	87.79±4.89	**95.99±2.18**
类别 9	98.62±0.51	97.29±0.61	98.32±1.79	**100.00±0.00**	99.47±0.51	99.67±0.33	99.98±0.02
类别 10	93.18±1.39	91.44±1.64	90.97±2.59	**98.31±1.29**	92.21±2.75	96.53±2.55	92.27±2.36
类别 11	96.21±0.39	96.82±0.78	98.00±1.65	99.39±0.55	96.24±2.68	**99.76±0.21**	97.61±1.21
类别 12	99.99±0.01	99.21±0.32	99.56±0.59	99.01±0.78	98.98±0.45	**100.00±0.00**	99.27±0.53
类别 13	96.49±0.92	97.29±0.86	97.83±0.72	97.59±1.32	96.73±1.66	**100.00±0.00**	96.43±1.31
类别 14	95.21±0.79	95.10±1.73	95.75±1.65	97.92±1.72	96.50±3.05	**98.71±0.72**	93.52±2.69
类别 15	73.62±2.31	76.33±4.62	70.36±3.62	95.71±4.57	79.41±5.67	81.86±5.26	**96.44±0.92**
类别 16	96.31±0.52	97.99±0.61	96.90±1.97	98.18±2.92	96.89±2.19	98.99±0.63	**99.89±0.20**
OA	91.64±1.67	87.64±0.83	88.39±1.01	97.25±0.87	92.14±0.86	94.67±0.77	**97.96±0.37**
AA	94.48±0.85	94.55±0.57	94.30±0.47	**98.21±0.30**	95.54±0.56	97.69±0.34	98.00±0.62
κ	90.62±0.89	86.72±1.01	87.10±1.12	96.94±0.96	91.25±0.95	94.06±0.85	**97.43±0.92**

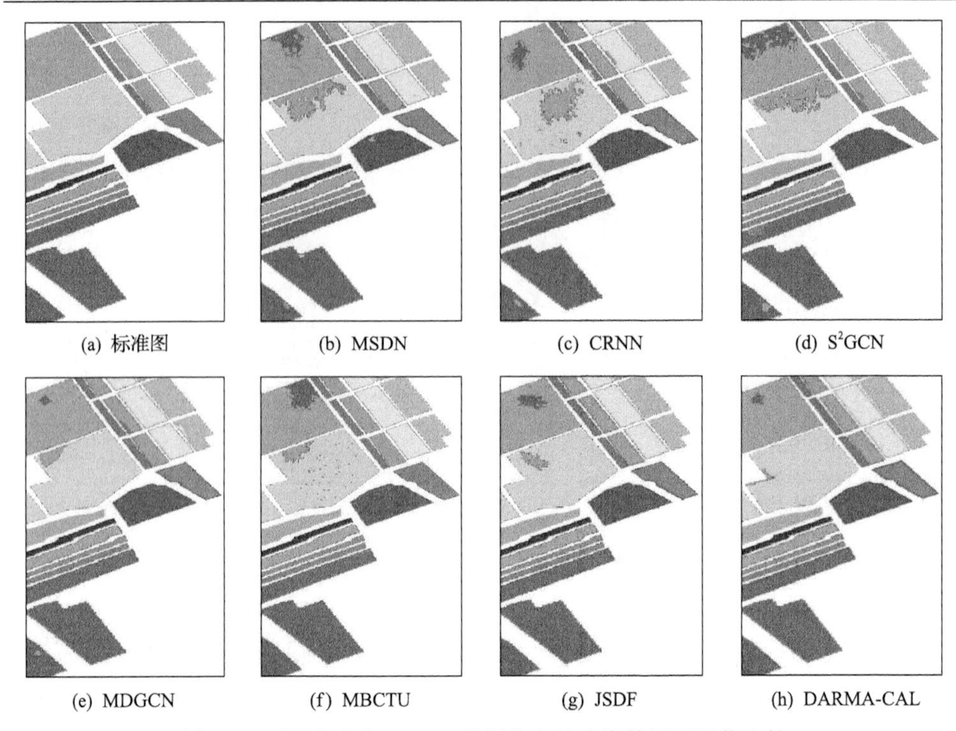

图 4.5 不同方法在 Salinas 数据集上的分类结果可视化比较

3. UH2013 数据集的结果

如表 4.5 所示，与其他两个数据集相比，所有方法的分类结果在三个量化指标上都有所下降。UH2013 数据集更大，需要分类的细节更多，对特征提取提出更高的要求。可以看出，DARMA-CAL 在 OA、AA 和 κ 均获得最佳的分类结果，这进一步验证了 DARMA-CAL 模型特征提取的优势。

表 4.5 不同方法在 UH2013 数据集上的定量实验结果 （单位：%）

项目	MSDN	CRNN	S^{2}GCN	MDGCN	MBCTU	JSDF	DARMA-CAL
类别 1	92.62±1.25	82.45±2.19	96.30±3.07	93.42±4.25	92.86±3.83	**97.41±1.21**	90.52±3.62
类别 2	95.28±0.61	84.12±3.64	98.57±1.47	93.67±3.60	92.18±2.79	**99.84±0.25**	94.26±4.19
类别 3	92.33±0.79	91.56±1.07	98.88±0.43	98.12±1.09	97.42±1.19	99.88±0.12	**100.00±0.00**
类别 4	93.46±1.35	91.29±3.78	97.68±2.89	95.58±1.85	90.96±1.98	**98.22±2.80**	82.31±5.31
类别 5	99.21±0.09	98.81±0.62	97.66±1.12	99.00±1.30	97.17±1.29	**100.00±0.00**	99.92±0.21
类别 6	88.92±1.33	94.83±2.19	96.84±1.17	93.28±6.08	91.78±3.22	**99.32±1.09**	99.00±0.74
类别 7	85.21±0.92	86.42±3.42	83.48±5.89	87.68±4.41	82.88±3.81	91.32±4.91	**92.54±2.39**
类别 8	79.64±3.66	53.05±8.71	76.15±4.37	80.45±6.12	71.85±5.64	68.82±6.16	**84.34±2.76**
类别 9	81.21±2.39	84.04±4.63	82.17±1.78	**89.64±2.26**	81.94±4.25	69.47±8.56	87.40±3.20

续表

项目	MSDN	CRNN	S^2GCN	MDGCN	MBCTU	JSDF	DARMA-CAL
类别 10	78.62±3.72	45.14±8.77	86.85±8.32	90.06±6.41	87.31±5.08	85.63±9.32	**91.48±1.84**
类别 11	86.42±1.51	61.85±9.39	88.57±5.06	86.73±3.22	77.41±6.46	94.51±3.82	**98.24±0.96**
类别 12	81.92±1.37	84.40±2.93	78.64±4.79	**89.44±5.69**	86.35±5.85	84.33±5.33	81.22±4.17
类别 13	83.27±0.68	84.14±3.12	75.62±6.93	92.78±4.45	85.58±5.35	**98.10±1.28**	93.08±6.41
类别 14	97.77±0.68	96.03±0.73	99.45±0.44	99.43±0.97	96.85±1.85	**100.00±0.00**	**100.00±0.11**
类别 15	97.65±0.24	93.45±2.41	98.03±1.07	96.27±1.72	92.27±3.32	**99.86±0.36**	95.98±4.08
OA	88.49±0.96	82.10±1.21	89.31±1.00	91.40±0.92	87.07±1.12	90.51±0.95	**93.04±0.87**
AA	88.90±1.37	79.21±1.02	90.33±1.06	92.37±0.89	89.32±1.08	92.46±0.75	**92.68±0.69**
κ	88.27±1.65	77.61±1.19	88.44±1.08	90.70±1.00	86.01±1.21	89.74±1.03	**92.36±0.92**

由于能够提取样本之间的空间关系，基于 GCN 的方法性能通常优于基于 CNN 的方法。同样，JSDF 在七个方法中可以实现更高的精度。这表明，如果设计得当，传统的机器学习方法在特定数据集分类中有其应用优势。与 DARMA-CAL 相比，JSDF 在类别 8(Commercial) 和类别 9(Road) 方面的分类效果较差。图 4.6 显示了七种方法产生的分类结果，其中一些关键区域被放大

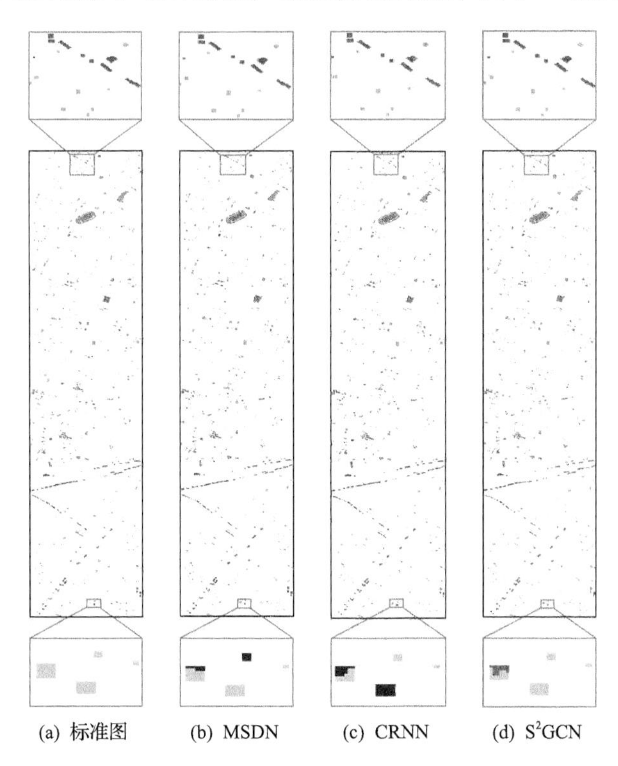

(a) 标准图　(b) MSDN　(c) CRNN　(d) S^2GCN

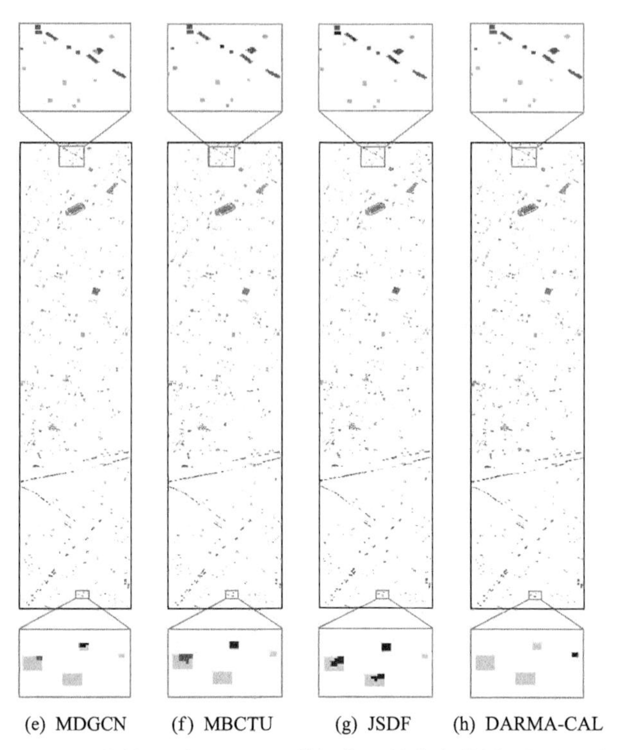

(e) MDGCN　(f) MBCTU　(g) JSDF　(h) DARMA-CAL

图 4.6　不同方法在 UH2013 数据集上的分类结果可视化比较

以更好地表现性能。从图 4.6 的放大区域可以看出，对比方法分类图中存在明显的分类错误。相比之下，DARMA-CAL 的分类效果最优。

4.4.3　不同数量的训练样本对 DARMA-CAL 方法性能影响分析

在这一部分中，研究不同训练样本数(即像素)条件下 DARMA-CAL 的分类性能。每类训练样本的数量以 5 为间隔从 5～30 变化。如图 4.7 所示，随着训练样本的增加，七种方法的分类效果得到显著提高，因为训练样本越多，分类精度越高。同时，DARMA-CAL 结果要优于 S^2GCN、MDGCN 和其他对比方法，因为 DARMA-CAL 允许保留每个卷积层的局部信息，并且采用全局上下文特征自动学习机制。值得一提的是，DARMA-CAL 的 OA 随着训练样本变化相对稳定，这表明本章所提方法对分类任务和训练样本具有更好的适应性。同时也说明，ARMA 可以有效地抑制噪声，提高分类性能。

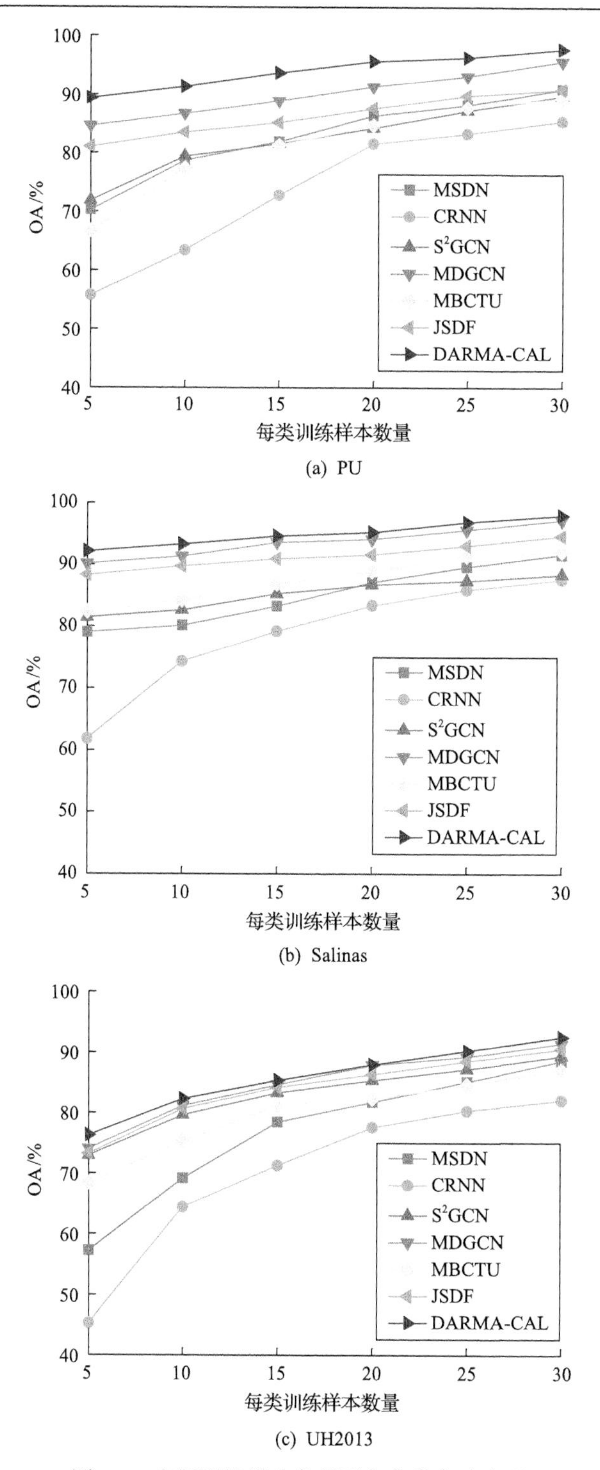

(a) PU

(b) Salinas

(c) UH2013

图 4.7 有限训练样本条件下各分类方法表现

4.4.4 DARMA-CAL 超参数影响分析

通过实验，详细评估不同方法对超参数设置的敏感度。方法中需要调教的超参数包括 DARMA 层数量 L、超像素分割数量 N、学习率 lr 和迭代次数 T。实验采用网格搜索策略寻找最佳参数设置。四个超参数分为两组，OA 记录每组超参数的变化所产生的分类结果。图 4.8 显示了不同 DARMA 层数量 L 和超像素分割数量 N 方法在三个数据集中的分类结果。图 4.9 显示了 DARMA-CAL 对学习率 lr 和迭代次数 T 的参数敏感度。

从图 4.8 可以观察到，卷积层的数量为 3 时，方法达到最佳分类结果，并且分类结果不会随着卷积层数量的增加而改善。增加卷积层数可以提取更深层的高光谱影像特征，但是会增加计算量，降低方法分类效率。因此，在提出的方法中，DARMA 层的数量 L 被设置为 3。对于 N，分类精度随着

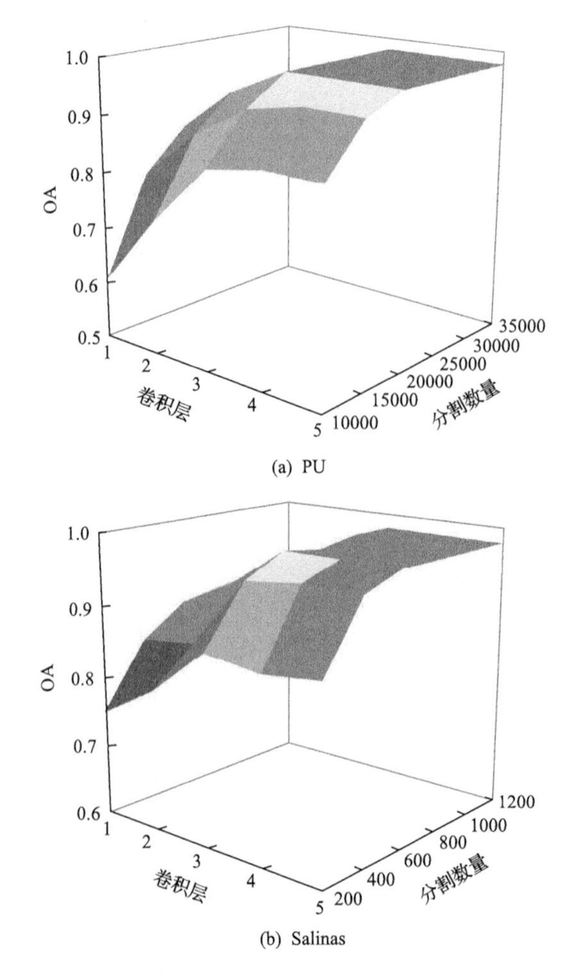

(b) Salinas

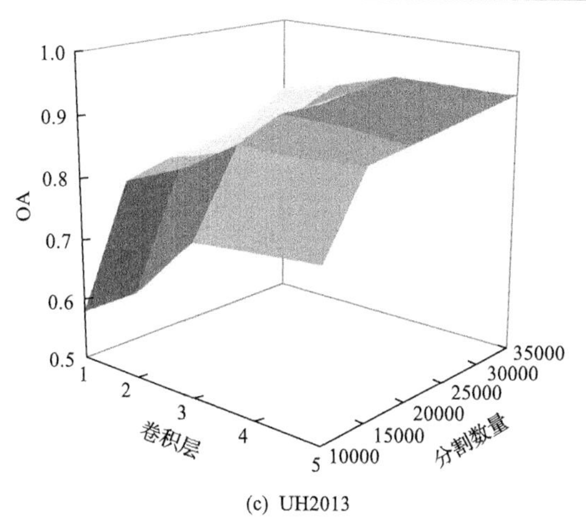

(c) UH2013

图 4.8　DARMA-CAL 对 L 和 N 的敏感度分析

分割数的增加而提高，因为 N 越大，分割越精细。然而，在达到一定的分割值后，分类精度停止提高。同时，随着超像素数量的增加，模型的计算复杂度也随之增加。PU、Salinas 和 UH2013 数据集的分割尺度分别设置为 20000、600 和 35000。

方法对 lr 和 T 的参数敏感度如图 4.9 所示。可以看出，采用较大的 lr 通常无法获得最佳结果，并且结果在实践中是不稳定的。因此，选择合适的学习率是很重要的。在综合考虑学习效率和分类精度的基础上，将 lr 设置为 0.001。此外，设置合适的 T 实现令人满意的性能也是至关重要的。在本章提出的方法中，T 的选择不仅与学习率有关，还与超像素分割的数目有关。方法在 PU、Salinas 和 UH2013 数据集上分别设置为 T=500、1000 和 500 时达到最佳结果。

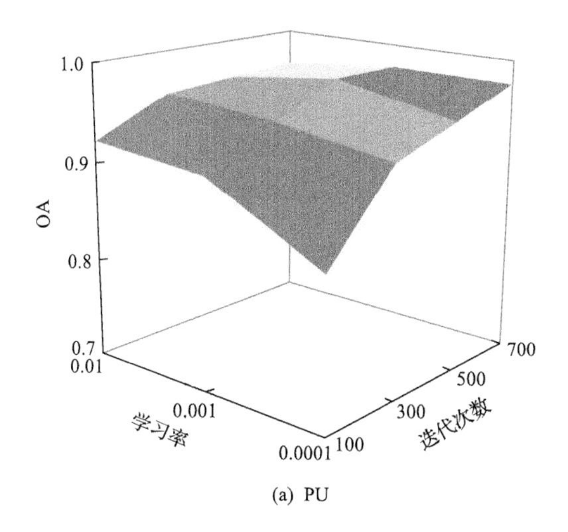

(a) PU

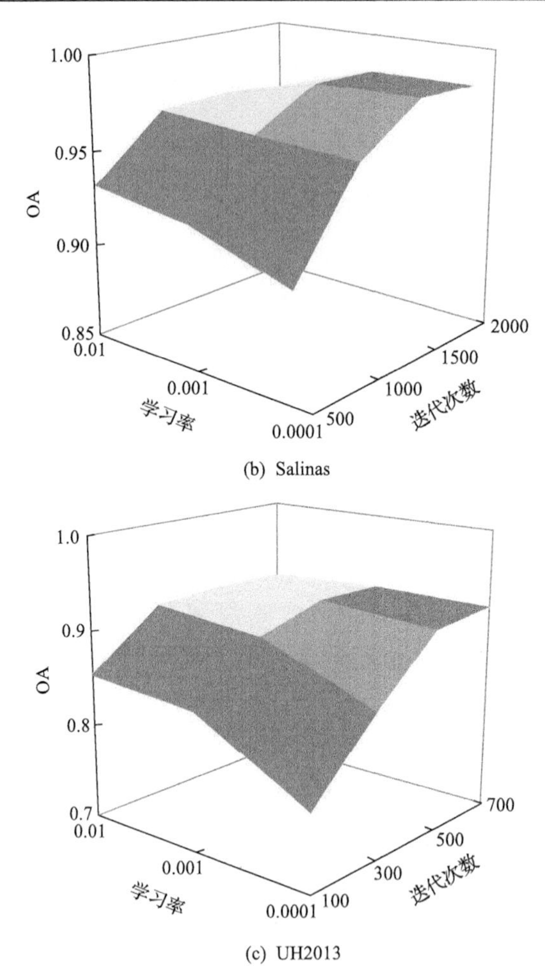

(b) Salinas

(c) UH2013

图 4.9　DARMA-CAL 对 lr 和 T 的敏感度分析

4.4.5　消融实验

本节对 DARMA-CAL 进行消融实验研究。为了便于比较，用 ARMA、ARMA-A 和 DARMA 分别代表移除稠密结构和注意机制、稠密结构、注意力机制简化方法。消融实验在三个数据集上的结果如表 4.6～表 4.8 所示。从结果来看，稠密结构和上下文感知学习机制在高光谱影像分类中起着重要作用。

表 4.6　DARMA-CAL 在 PU 数据集上消融实验结果　　(单位：%)

项目	ARMA	ARMA-A	DARMA	DARMA-CAL
OA	91.35±0.86	95.64±0.43	93.52±0.44	**97.71±0.82**
AA	90.86±0.59	95.37±0.57	93.61±0.51	**97.56±0.53**
κ	91.57±0.78	95.28±0.92	94.18±0.86	**98.24±0.76**

表 4.7　DARMA-CAL 在 Salinas 数据集上消融实验结果　(单位：%)

项目	ARMA	ARMA-A	DARMA	DARMA-CAL
OA	92.37±0.82	95.56±0.52	94.85±0.49	**97.96±0.37**
AA	92.63±0.76	95.29±0.65	95.32±0.62	**98.00±0.62**
κ	92.19±0.83	95.77±0.59	94.16±0.53	**97.43±0.92**

表 4.8　DARMA-CAL 在 UH2013 数据集上消融实验结果　(单位：%)

项目	ARMA	ARMA-A	DARMA	DARMA-CAL
OA	89.86±0.93	91.27±0.89	90.65±0.96	**93.04±0.87**
AA	90.31±0.98	91.18±0.95	89.79±0.99	**92.68±0.69**
κ	89.25±1.01	90.58±0.82	90.62±0.91	**92.36±0.92**

4.4.6　训练时间对比

为了揭示 DARMA-CAL 在分类效率方面相对于对比方法的优势，表 4.9 中列出了不同深度学习方法在 3.70G Intel i9-10900K CPU 和 GeForce GTX 1080Ti 11GB GPU 的服务器上对三个数据集的训练时间，包括 MSDN、CRNN、S^2GCN、MDGCN 和 DARMA-CAL。从结果来看，DARMA-CAL 的训练效率更高，因为超像素分割方法可以有效地减少计算节点的数量，显著减小图大小。此外，ARMA 滤波器需要较少的计算量，可以有效地降低计算成本。对比结果表明，DARMA-CAL 方法具有较高的计算效率。

表 4.9　不同方法在三个数据集上的训练时间对比　(单位：s)

数据集	MSDN	CRNN	S^2GCN	MDGCN	DARMA-CAL
PU	3027	2967	2821	2203	**1557**
Salinas	3142	2848	3026	1227	**576**
UH2013	3374	2937	3534	3029	**2273**

4.5　本 章 小 结

本章提出一种新的基于 ARMA 滤波器和上下文感知学习的 DARMA-CAL 用于高光谱影像分类。由于采用像素到区域的分配策略，在降低高光谱影像空间维数的同时，该策略可以保留高光谱影像的谱维信息；方法利用密集结构实现 ARMA 滤波器。该结构具有更好的噪声抑制能力(由于使用了 ARMA 滤波器），并且可以保留每个卷积层的局部特征(通过采用密集网络)。然而，随着层数的增加，DARMA 会不可避免地给特征提取带来困难。为了解决这个问题，采用分层上下文感知学习机制来提取有用的层局部信息。在三个真实高光谱影像数据集上的实验结果表明，与相关的高光谱影像分类方法相比，DARMA-CAL 具有更好的分类效果。

DARMA-CAL 利用超像素分割方法和 ARMA 滤波器解决图神经网络在高光谱影像应用上计算复杂度问题，在一定程度上抑制了噪声信号对高光谱影像分类的影响，取得了较好的分类效果。但是，高光谱影像分类是复杂的，不同的分类目标需要不同的图滤波器和聚合器对图信号进行特征提取和邻居节点聚合。如何做到图卷积核和聚合器自适应并应用于高光谱影像分类，是下一步需要研究的问题。

第 5 章　自适应滤波器-聚合器高光谱影像特征提取与分类

5.1　引　　言

对 DARMA-CAL，ARMA 滤波器能很好地降低计算复杂度和噪声节点对影像分类的影响。但是，分类目标是复杂的，不同的分类目标需要不同的滤波器对节点信号进行处理，利用不同的聚合器聚合不同的邻居节点信号。然而，第 2～4 章采用的都是单一图滤波器对图信号进行特征提取，这在一定程度上限制了图神经网络方法对不同图特征提取和分类目标的适应性。大多数针对高光谱影像分类设计的基于 GNN 的方法也仅采用单一滤波器，这导致处理高光谱影像时存在对光谱可变性和高维特征提取适应性差问题。具体来说，一个滤波器可能只对有限种类的噪声敏感,致使使用单个滤波器的图神经网络无法很好地区分具有相同频谱的不同土地覆盖地物,也无法抑制噪声对节点分类的影响。此外，大多数为高光谱影像分类设计的基于 GNN 方法仅使用单一聚合器。然而，聚合器不可能对所有节点信息关系都敏感，一些聚合器无法区分某些类型的邻居信息，这限制了分类器从高光谱影像中学习多样的空间特征。

为了突破 GNN 图特征提取瓶颈，本章提出一种基于自适应滤波器和聚合器融合的图卷积方法。首先，采用超像素分割策略从原始高光谱影像中提取局部空间特征，引入两层 1D CNN 生成像素级的超像素光谱特征。与现有基于超像素的方法不同，该方法可以自动转换光谱特征。然后，介绍一种自适应滤波机制，提出一个线性函数来组合不同的滤波器。该方法可以训练不同的滤波器权重矩阵来确定不同滤波器对分类的重要性。随后，提出一种聚合器融合机制，其中定义了度定标器组合多个滤波器，来捕获和利用图结构信息。最后，受 MPNN 结构的启发，提出 AF2GNN，在单个网络中实现自适应滤波器和聚合器的融合。

本章工作的主要贡献是，提出一种 1D CNN 来转换超像素的像素级光谱特征，并采用局部分割机制来降低计算复杂度；为了提取鲁棒的光谱空间信息并抑制节点的光谱噪声，通过引入线性函数来组合多个滤波器，提出一种自适应滤波机制；提出一种聚合融合机制表示不同的空间节点关系并提取土地覆盖的空间特征。为了融合多个聚合器，提出基于度的标量，可以对传入消息进行识别、放大和衰减；设计 AF2GNN 网络架构实现自适应滤波器和聚合器融合机制。

5.2 图滤波器、聚合器和消息传递神经网络

5.2.1 图滤波器

对于无向图 $\mathcal{G}=(v,\xi,\boldsymbol{A})$，其中 ξ 表示边集，v 表示顶点集，图的邻接矩阵 $\boldsymbol{A}\in\mathbf{R}^{N\times N}$。归一化图拉普拉斯矩阵可以定义为 $\boldsymbol{L}=\boldsymbol{I}_n-\boldsymbol{D}^{1/2}\boldsymbol{A}\boldsymbol{D}^{1/2}$，其中 $\boldsymbol{D}$ 为度矩阵，$\boldsymbol{D}_{ii}=\sum_j(\boldsymbol{A}_{ij})$；$\boldsymbol{L}$ 是实对称半正定的，可以将 $\boldsymbol{L}$ 分解为 $\boldsymbol{L}=\boldsymbol{U}\boldsymbol{\Lambda}\boldsymbol{U}^{\mathrm{T}}$，$\boldsymbol{U}=[\boldsymbol{u}_0,\boldsymbol{u}_1,\cdots,\boldsymbol{u}_N]\in\mathbf{R}^{N\times N}$ 为 $\boldsymbol{L}$ 的特征向量矩阵，满足 $\boldsymbol{U}\boldsymbol{U}^{\mathrm{T}}=\boldsymbol{E}$，$\boldsymbol{E}$ 为单位矩阵，$\boldsymbol{\Lambda}$ 为特征值对角矩阵，满足 $\boldsymbol{\Lambda}_{ii}=\lambda_i$，$\lambda_i$ 为特征值。给定图形信号 $\boldsymbol{X}\in\mathbf{R}^N$（图节点特征向量），$\boldsymbol{x}_i$ 为第 i 个节点的特征值。对 $\boldsymbol{X}$ 进行傅里叶变换，可以表示为 $\mathcal{F}(\boldsymbol{X})=\boldsymbol{U}^{\mathrm{T}}\boldsymbol{X}$，傅里叶逆变换可以表示为 $\mathcal{F}^{-1}(\hat{\boldsymbol{X}})=\boldsymbol{U}\hat{\boldsymbol{X}}$，其中 $\hat{\boldsymbol{X}}$ 为傅里叶变换的结果。图傅里叶变换将图特征向量投影到正交空间中，其中基由归一化图拉普拉斯算子的特征向量组成。$\hat{\boldsymbol{X}}$ 中的元素是 $\boldsymbol{X}$ 在正交空间中投影的坐标，$\boldsymbol{X}=\sum_i\boldsymbol{x}_i\boldsymbol{u}_i$。给定一个图滤波器 $\boldsymbol{g}$，对 $\boldsymbol{X}$ 进行图卷积可以表示为

$$\begin{aligned}\boldsymbol{g}*\boldsymbol{X}&=\mathcal{F}^{-1}(\mathcal{F}(\boldsymbol{X})\odot\mathcal{F}(\boldsymbol{g}))\\&=\boldsymbol{U}^{\mathrm{T}}(\boldsymbol{U}^{\mathrm{T}}\boldsymbol{X}\odot\boldsymbol{U}^{\mathrm{T}}\boldsymbol{g})\end{aligned}\tag{5.1}$$

其中，$\odot$ 为内积操作。

如果图滤波器为 $\boldsymbol{g}_\theta=\mathrm{diag}(\boldsymbol{U}^{\mathrm{T}}\boldsymbol{g})$，则式(5.1)可简化为

$$\boldsymbol{g}*\boldsymbol{X}=\boldsymbol{U}\boldsymbol{g}_\theta(\boldsymbol{\Lambda})\boldsymbol{U}^{\mathrm{T}}\boldsymbol{X}\tag{5.2}$$

基于谱的图卷积方法都遵循式(5.2)的定义。图滤波器是基于谱的图卷积方法的重要组成部分。图滤波器的设计决定了基于谱的图卷积方法的性能。

5.2.2 图卷积聚合器

聚合器定义为计算相邻节点统计信息的函数，它可以提取相邻节点的光谱-空间信息。邻域聚合对于节点嵌入具有重要意义。目前，聚合器主要有五种类型，即平均值聚合器、最大值聚合器、最小值聚合器、归一化聚合器和标准差聚合器。

1. 平均聚合器

$\mu(\boldsymbol{X})$ 是最常见的消息聚合器，其中每个节点计算其传入消息的加权平均值或总和，即

$$\mu(\boldsymbol{X}) = E[\boldsymbol{X}], \quad \mu(\boldsymbol{X}^l) = \frac{1}{d_i} \sum_{j \in \mathcal{N}(i)} \boldsymbol{X}_j^l \tag{5.3}$$

其中，第一式为一般平均值方程；第二式为直接邻域公式；$\boldsymbol{X}$ 为任意多集；$\boldsymbol{X}^l$ 为 l 层的节点特征；$\mathcal{N}(i)$ 为节点 i 的邻域；$d_i = |\mathcal{N}(i)|$。

2. 最大值聚合器、最小值聚合器

$\max(\boldsymbol{X}^l)$ 和 $\min(\boldsymbol{X}^l)$ 也是常使用的聚合器，对于离散任务、信用分配，以及外推到图未知分布等非常有用。例如，softmax 和 softmin 聚合器都是可微的，适用于加权图，即

$$\max_i(\boldsymbol{X}^l) = \max_{j \in N(i)} \boldsymbol{X}_j^l, \quad \min_i(\boldsymbol{X}^l) = \min_{j \in N(i)} \boldsymbol{X}_j^l \tag{5.4}$$

3. 标准偏差聚合器

$\sigma(\boldsymbol{X})$ 标准偏差（STD 或 σ）用于量化相邻节点特征的传播，以便节点可以评估其接收信号的多样性。式（5.5）左侧表示标准偏差公式，右侧为图形邻域的标准差。ReLU 是用于校正的线性单位，可以避免数值误差引起的负值，ε 是一个小的正数，用于确保 σ 是可微的，即

$$\sigma(\boldsymbol{X}) = \sqrt{E[\boldsymbol{X}^2] - E[\boldsymbol{X}]^2}, \quad \sigma_i(\boldsymbol{X}^l) = \sqrt{\mathrm{ReLU}\left(\mu_i(\boldsymbol{X}^l)^2 - \left[\mu_i(\boldsymbol{X}^l)\right]^2\right) + \varepsilon} \tag{5.5}$$

4. 归一化聚合器

$M_n(\boldsymbol{X})$ 平均值和标准偏差是多重集的第一和第二归一化（$n=1$；$n=2$）。更高的归一化，如 3 度（n=3）、4 度（n=4）或更高的度，可能有助于更好地描述邻居节点。由于四个聚合器不足以准确描述邻居，因此当节点的度很高时，这些会变得更加重要。如式（5.6）所示，因为它给出的统计数据与单个元素的大小成线性比例（与其他聚合器一样），这使网络训练具有足够的数值稳定性，即

$$M_n(\boldsymbol{X}) = \sqrt[n]{E[(\boldsymbol{X} - \mu)^n]} \tag{5.6}$$

5.2.3 消息传递神经网络

为了预测化学的分子性质，Gilmer 等[122]提出一种图神经网络通用框架，名为 MPNN。MPNN 前向传播包含两个阶段，第一阶段称为消息传递，第二阶段称为读出。消息传递阶段执行多个消息传递过程。对于节点 i，消息传递可以表示为

$$m_i^{t+1} = \sum_{j \in \mathcal{N}(i)} M_t\left(h_i^t, h_j^t, e_{ij}\right) \tag{5.7}$$

$$h_i^{t+1} = U_t\left(h_i^t, m_i^{t+1}\right) \tag{5.8}$$

其中，m_i^{t+1} 为节点 i 在 $t+1$ 时间步中接收到的信息；$\mathcal{N}(i)$ 为节点 i 邻域集；h_i^t 为节点 i 在 t 时间步中的特征向量；e_{ij} 为节点 i 和 j 的边特征；$M_t(\cdot)$ 为消息函数；$U_t(\cdot)$ 为节点更新函数，它将原始节点状态 h_i^t 和信息 m_i^{t+1} 作为输入，以获取新节点状态 h_i^{t+1}。

式(5.7)与 RNN 的更新函数相同，$U_t(\cdot)$ 可以用门循环单元(gated recurrent unit, GRU)或 LSTM 表示。MPNN 的传播规则可表示为

$$Y(i) = U\left(\boldsymbol{x}_i, \underset{j \in \mathcal{N}(i)}{\oplus} M\left(\boldsymbol{x}_i, \boldsymbol{x}_j, e_{ij}\right)\right) \tag{5.9}$$

其中，$\boldsymbol{x}_i$ 为节点 i 的节点特征；$Y(i)$ 为卷积层的输出；$U(\cdot)$ 和 $M(\cdot)$ 为线性层；$\oplus$ 为聚合器；$\mathcal{N}(i)$ 为节点 i 的邻域集。

如上所述，MPNN 消息传播可分为两个步骤，即特征提取和邻居节点聚合。根据式(5.7)的原理，可以发现节点 i 接收到节点 i 的状态、相邻节点的状态，以及与节点 i 连接的边特征等信息。生成信息后，利用式(5.8)对节点进行更新。具体来说，可以采用式(5.7)提取节点特征，并使用式(5.8)更新节点。

5.3 自适应滤波器和聚合器高光谱影像分类

5.3.1 AF2GNN 高光谱影像分类概述

AF2GNN 方法结构框图如图 5.1 所示。首先，使用两层 1D CNN 从原始

高光谱影像中提取像素的光谱特征；其次，采用 PCA-SLIC 方法将原始 HSI 精确分割为自适应区域(超像素)，并采用 1D CNN 提取的均值计算每个超像素的光谱特征；再次，设计 AF2GNN 处理基于超像素的图并提取高光谱影像中的光谱-空间特征；最后，利用 softmax 函数对 AF2GNN 获得的图形特征进行解释，并预测每个像素的标签。

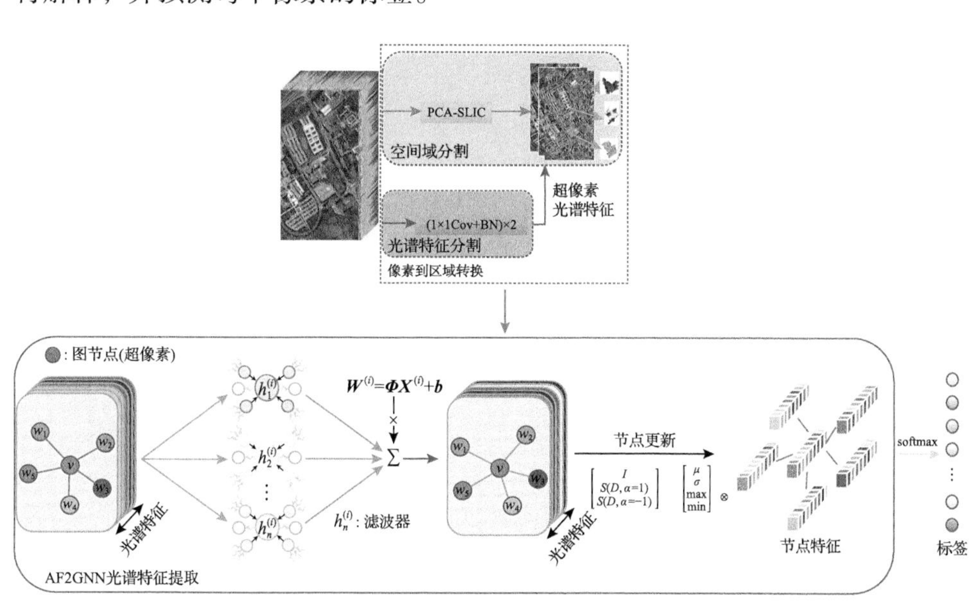

图 5.1　AF2GNN 方法结构框图

5.3.2　自适应滤波器机制

不同的图滤波器对不同节点信号敏感。因此，在处理高光谱影像时，需要使用不同的图滤波器提取鲁棒的光谱空间信息。自适应聚合器机制示意图如图 5.2 所示。给定一个图卷积层，从输入节点 i 的单节点特征 $\boldsymbol{x}_i$ 到输出 $Y(i)$，图形信息传输可以表示为

$$Y(i)=\sum_{j\in\mathcal{N}(i)}\alpha(i,j)\boldsymbol{\Theta}_i\boldsymbol{x}_i \tag{5.10}$$

其中，$\boldsymbol{\Theta}_i\in\mathbf{R}^{F'\times F}$ 为基本权重，F' 为输入维度，F 为输出维度；$\alpha(i,j)$ 是与节点 i 和 j 相关的函数；不同的光谱和空间卷积对应于特定的 $\alpha(i,j)\boldsymbol{\Theta}_i$ 机制。

图 5.2 采用三个滤波器(即 B=3)，由 $\boldsymbol{W}_i$ 组合而成，显示了使用三个滤波器的节点 i 的特征提取过程。为了组合多个滤波器，提出组合加权系数 $\boldsymbol{W}_i$，即

$$\boldsymbol{W}_i = \phi \boldsymbol{x}_i + \boldsymbol{b} \tag{5.11}$$

其中，$\phi \in \mathbf{R}^{B\times F}$ 和 $\boldsymbol{b} \in \mathbf{R}^{B}$ 为权重和偏差参数，B 为滤波器的数量；$\boldsymbol{W}_i$ 为衡量具有不同滤波器的不同图卷积分支权重。

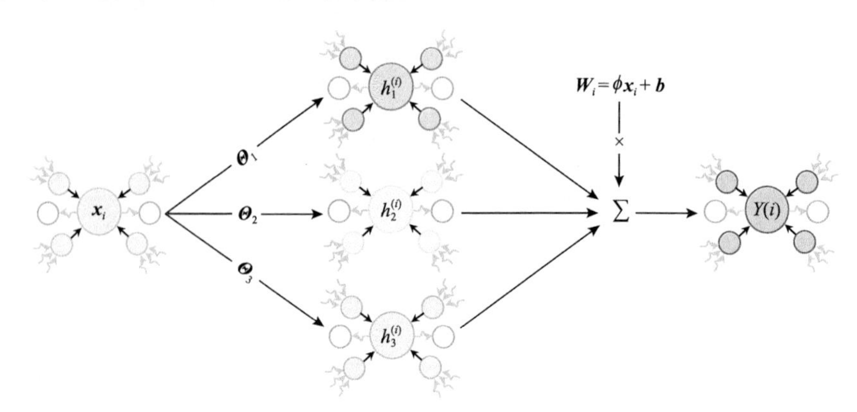

图 5.2 AF2GNN 自适应滤波器示意图

参考式(5.10)和式(5.11)，具有自适应图滤波器的节点 i 的图卷积输出可表示为

$$\boldsymbol{x}_i = \sum_{b=1}^{B} \boldsymbol{w}_b^{(i)} \sum_{j\in\mathcal{N}(i)} \alpha(i,j)\boldsymbol{\Theta}_b \boldsymbol{x}_j \tag{5.12}$$

其中，$\boldsymbol{w}_b^{(i)}$ 为可训练权重系数。

如上所述，使用线性函数可以实现多个滤波器组合，滤波器的权重系数由每个节点的属性确定。为了直观地显示所提方法的信号传输，式(5.12)可以转换为

$$\boldsymbol{Y} = \sum_{b=1}^{B} \boldsymbol{w}_b \cdot g_{\theta_b} \boldsymbol{X} \tag{5.13}$$

其中，$\boldsymbol{X}$ 为节点特征；g_{θ_b} 为第 b 个滤波器；$\boldsymbol{Y}$ 为卷积层的输出。

5.3.3 聚合器融合原理

为说明自适应滤波器机制，5.3.2 节通过计算 $\alpha(i,j)\Theta_b$ 和加权系数 $\boldsymbol{w}_b^{(i)}$ 自适应选择滤波器。从式(5.12)可以看出，每个 GCN 只能采用一个聚合器，也就是说，不能在同一个图卷积过程中同时使用多个聚合器。聚合器可以识别邻域信息，这对于学习图节点之间的空间关系非常重要。然而，单一聚合器不会对

所有节点信息关系敏感。特定的聚合器无法区分某些类型的邻居信息。

定理 3（所需聚合器的数量）　至少需要n个聚合器来区分大小为n的集合。

证明： 设集合 $S\in\mathbf{R}^n$ 是由 $(x_1,x_2,\cdots,x_n)$ 构成的 n 维子空间，且满足 $x_1\leqslant x_2\leqslant\cdots\leqslant x_n$ 的集合。将聚合器定义为将多维集合转换为实数的连续函数，对应于一个连续函数 $\xi:S\to\mathbf{R}$ 。

利用反证法证明，假设使用$n-1$个聚合器，即$\xi_1,\xi_2,\cdots,\xi_{n-1}$，就可以区分大小为$n$的所有多集。

定义 $f:S\to\mathbf{R}$ 是将每个多维集合 X 映射到其输出向量$\left(\xi_1(X),\xi_2(X),\cdots,\xi_{n-1}(X)\right)$的函数。$\xi_1,\xi_2,\cdots,\xi_{n-1}$是连续的， f 也是连续的。因为假设这些聚合器能够区分所有的多维集合，所以 f 是内射的。

由于S是n维欧几里得子空间，因此可以定义一个$n-1$维球体将C^{n-1}完全包含在其中，即$C^{n-1}\subseteq S$ 。根据博苏克-乌拉姆定理[167,169]，两个不同的点（特别是非零点和反足点）x_1、$x_2\in C^{n-1}$满足$f(x_1)=f(x_2)$，表明f不是内射的。

因此，必然存在矛盾，假设不成立。

在 GCN 中实现聚合器融合具有重要意义。受 MPNN 的启发，AF2GNN 将特征提取和邻居节点聚合分为两部分。在此基础上，提出一种自适应滤波器机制提取图的光谱特征。

聚合器融合机制示意图如图 5.3 所示。为了融合多个聚合器，提出一些基于度的函数，即标量，可以对传入消息执行识别、放大和衰减，即

$$S(d,\alpha)=\left(\frac{\log(d+1)}{\delta}\right)^{\alpha},\quad d>0;-1\leqslant\alpha\leqslant1 \tag{5.14}$$

其中，δ 为训练集上计算的归一化参数，$\delta=\dfrac{1}{|\vartheta|}\sum\limits_{i\in\vartheta}\log(d_i+1)$ ，ϑ 为训练集中的训练节点数；d 为原始节点从邻近节点接收消息的度；α 为变量参数，可以实现无缩放时为零，放大时为正，衰减时为负。

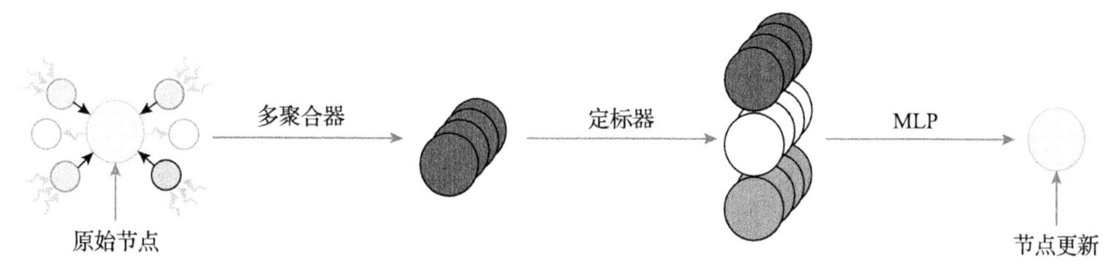

图 5.3　聚合器融合机制示意图

这里采用四个聚合器，即均值聚合器、最大值聚合器、最小值聚合器和标准差聚合器。四个聚合器和标量通过张量积组合，数学表达式可以定义为

$$\oplus = \underbrace{\begin{bmatrix} I \\ S(D,\alpha=1) \\ S(D,\alpha=-1) \end{bmatrix}}_{\text{定标器}} \otimes \underbrace{\begin{bmatrix} \mu \\ \sigma \\ \max \\ \min \end{bmatrix}}_{\text{聚合器}} \tag{5.15}$$

其中，$\otimes$ 为张量积；D 为从图中接收到的节点的度。

基于式(5.15)对网络进行训练，可以实现聚合器的信号识别、放大和衰减操作，最后通过 MLP 操作进行融合。

5.3.4 AF2GNN 网络实现

AF2GNN 的信息传输如图 5.4 所示。

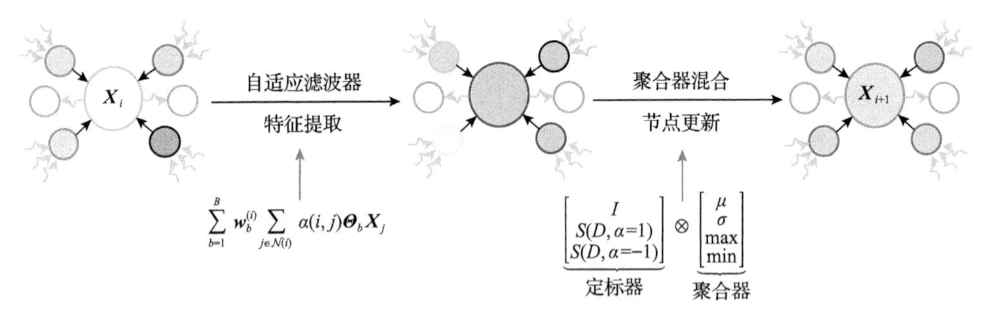

图 5.4　AF2GNN 的信息传输示意图

式(5.12)定义了自适应滤波器的机制，聚合器融合的原理可以表示为式(5.15)。参考式(5.9)，AF2GNN 的传播规则可以定义为

$$\boldsymbol{X}_{i+1} = U\left(\boldsymbol{X}_i, \oplus \sum_{b=1}^{B} \boldsymbol{w}_b^{(i)} \sum_{j\in\mathcal{N}(i)} \alpha(i,j)\,\boldsymbol{\Theta}_b \boldsymbol{X}_j\right) \tag{5.16}$$

其中，$\boldsymbol{X}_{i+1}$ 为卷积层的输出；$\oplus$ 为聚合器。

不同 GNN 的传播规则如表 5.1 所示。如果 $\alpha(i,j)$ 为 $\sqrt{\deg(i)\deg(j)}$，式(5.12)可转换为 GCN 的传播规则。因此，可以通过将式(5.12)中的 $\alpha(i,j)$ 定义为不同的滤波器实现自适应滤波器设计。在本书提出的网络中，只采用 GCN 和 GAT 的滤波器。AF2GNN 的卷积过程如算法 5 所示。

表 5.1　不同 GNN 的传播规则

方法	传播规则	注释
GCN	$y_i=\Theta\sum_{j\in\mathcal{N}(i)\cup\{i\}}\frac{1}{\sqrt{\deg(i)\deg(j)}}\boldsymbol{X}_j$	Θ 为可学习的参数
GAT	$y_i=\alpha_{i,i}\Theta\boldsymbol{X}_i+\sum_{j\in\mathcal{N}(i)}\alpha_{i,j}\Theta_X^{(j)}$	$\alpha_{i,j}=\frac{\exp\left(\mathrm{LeakyReLU}\left(\boldsymbol{a}^{\mathrm{T}}\left[\Theta\boldsymbol{X}_i\Vert\Theta\boldsymbol{X}_j\right]\right)\right)}{\sum_{k\in\mathcal{N}(i)\cup\{i\}}\exp\left(\mathrm{LeakyReLU}\left(\boldsymbol{a}^{\mathrm{T}}\left[\Theta\boldsymbol{X}_i\Vert\Theta\boldsymbol{X}_k\right]\right)\right)}$
GIN	$y_i=f_\Theta\left[(1+\varepsilon)\boldsymbol{X}_i+\sum_{j\in\mathcal{N}(i)}\boldsymbol{X}_j\right]$	f_Θ 为可学习的函数、MLP 或线性层；ε 为学习或固定值

算法 5：AF2GNN 的卷积过程

输入： 卷积层数量

1： **For** $l=1$ to L

2： 　根据式(5.12)计算自适应滤波器；

3： 　根据式(5.15)计算融合聚合器；

4： 　根据式(5.16)计算卷积层输出；

5： **end**

输出： $\boldsymbol{X}_i$

5.3.5　基于 AF2GNN 的高光谱影像分类

1. 空间变换

对于具有 m 个像素和 B 个光谱带的高光谱影像 $I_B=\{\boldsymbol{x}_1,\boldsymbol{x}_2,\cdots,\boldsymbol{x}_m\}$。首先，利用 PCA 对高光谱影像进行降维，并选择第一主成分生成具有 m 个像素和 b 个光谱带降维图像 $I_b=\left\{\boldsymbol{x}_1^{\mathrm{r}},\boldsymbol{x}_2^{\mathrm{r}},\cdots,\boldsymbol{x}_m^{\mathrm{r}}\right\}$，其中 $b\ll B$，r 表示降维。然后，采用 SLIC 方法将像素分配至超像素。超像素的数学定义为

$$\mathrm{HSI}=\bigcup_{i=1}^{K}S_i,\quad S_i\cap S_j=\varnothing,\quad i\neq j;i,j=1,2,\cdots,K\tag{5.17}$$

其中，S_i 表示包含 n_i 关联像素的超像素，$S_i=\left\{p_{i,1},p_{i,2},\cdots,p_{i,n_i}\right\}$；$K$ 为超像素的总数。

超像素中的像素具有很强的光谱-空间相关性。在本章提出的方法中，超像素被视为图节点。图的规模可以通过调节超像素 K 的数量来控制，这与计算复杂度密切相关。

2. 光谱变换

高光谱影像通过空间分割转化为超像素。然而，使用 PCA 对高光谱影像进行降维会丢失高光谱影像中包含的光谱信息。一般的方法是直接从原始高光谱影像中提取每个像素的光谱值，然后计算超像素中像素的光谱平均值。该方法简单直观，但是不能通过网络训练抑制和消除原始高光谱影像的噪声。为了提取具有鉴别性和鲁棒性的光谱特征，提出一种两层 1×1 CNN 来提取每个频带中单个像素的光谱值，空间位置 p_0 处像素的光谱特征向量可以表示为

$$\boldsymbol{x}(p_0)=(X_1(p_0),X_2(p_0),\cdots,X_i(p_0)) \tag{5.18}$$

其中，$p_0=(x,y)$ 为像素在高光谱影像中的空间位置；$X_i(p_0)$ 为像素在第 i 个光谱中的空间位置 p_0 处的光谱值。

参考 1×1 CNN 公式，计算第 l 个卷积层第 i 个光谱信道输出特性 $X_i^l(\cdot)$，可表示为

$$X_i^l(p_0)=\sigma\left(\boldsymbol{W}_i^l\cdot\tilde{X}_i^{l-1}(p_0)+a_i^l\right) \tag{5.19}$$

其中，$\boldsymbol{W}_i^l$ 和 a_i^l 为可训练权重（1×1 卷积核）和偏差；$\sigma(\cdot)$ 为激活函数，即 ReLU。

最后，将每个超像素的平均光谱特征作为一个节点向量。图节点表示为

$$\begin{aligned}\boldsymbol{X}&=\left[\boldsymbol{X}_1,\boldsymbol{X}_2,\cdots,\boldsymbol{X}_K\right]^{\mathrm{T}}\\&=\left[\frac{1}{N_1}\sum_{k=1}^{N_1}\boldsymbol{X}_k^1,\frac{1}{N_2}\sum_{k=1}^{N_2}\boldsymbol{X}_k^2,\cdots,\frac{1}{N_K}\sum_{k=1}^{N_K}\boldsymbol{X}_k^K\right]\end{aligned} \tag{5.20}$$

其中，$\boldsymbol{X}_i$ 为第 i 个节点特征向量；N_i 为超像素中包含的像素数量；$\boldsymbol{X}_k^i$ 为像素的光谱特征向量。

在本章提出的网络中，使用 softmax 分类器对每个节点的输出特征进行分类，即

$$\boldsymbol{O}=\frac{\mathrm{e}^{k_i\boldsymbol{X}_i+b_i}}{\sum_{i=1}^{C}\mathrm{e}^{k_i\boldsymbol{X}_i+b_i}} \tag{5.21}$$

其中，k_i 和 b_i 为可训练权重系数和偏差；$\boldsymbol{X}_i$ 为节点 i 的输出特征；C 为土地覆盖类型的数量。

可学习参数由损失函数惩罚，即

$$\mathcal{L} = -\sum_{z \in y_G} \sum_{f=1}^{C} \boldsymbol{Y}_{zf} \ln \boldsymbol{O}_{Gzf}^{(\text{final})} \tag{5.22}$$

其中，y_G 为样本数据集；$\boldsymbol{Y}_{zf}$ 为标签矩阵；C 为地物类的数量；$\boldsymbol{O}_{Gzf}^{(\text{final})}$ 为 AF2GNN 输出。

采用 Adam 梯度下降更新 AF2GNN 的参数。AF2GNN 高光谱影像分类如算法 6 所示。

算法 6：AF2GNN 高光谱影像分类

输入：被分类高光谱影像；分割规模；卷积层数；学习率 lr；迭代次数 T

1：根据式(5.19)利用两层 1×1 CNN 进行光谱特征转换。采用 PCA-SLIC 方法对整个图像进行超像素分割；

2：根据式(5.20)对超像素输入特征进行转换；

3：**//训练 AF2GNN 网络**

4：**For** $t=1$ to T do

5：　　执行算法 5 中的图卷积运算；

6：　　根据式(5.22)计算误差损失，利用 Adam 梯度下降更新可训练权重；

7：**end**

8：通过式(5.21)对每个像素执行标签分类；

输出：超像素的分类标签

5.4　实验结果与分析

本节通过在三个数据集上与一些最新的高光谱影像分类器进行对比实验，评估 AF2GNN 性能；然后分析该网络的参数选择，研究 AF2GNN 有限的可训练样本的分类性能。此外，研究该方法在不同分割模块下的性能，分析自适应滤波和聚合器融合的消融效果。最后，AF2GNN 的训练时间与现有模型的训练时间进行比较，说明 AF2GNN 的运算效率。

5.4.1 实验设置

为了评估所提方法的优越性，将 AF2GNN 方法与六种最新的高光谱影像分类器进行比较：两个机器学习分类器，即 SVM 的联合协作表示 JSDF[37]和多带紧凑纹理单元 MBCTU[158]；两个 CNN 分类器，即 CRNN[168]和基于不同区域的深度 CNN[170]，以及两个 GNN 分类器，S^2GCN[96]和具有上下文感知的多尺度图样本和聚合网络 MSAGE-CAL[30]。上述方法的超参数与原始文献中的超参数相同。

在本章提出的 AF2GNN 中，应设置 4 个超参数，即超像素数量 K、卷积层 L、学习率 lr 和迭代次数 T。AF2GNN 不同数据集的最优超参数设置如表 5.2 所示。AF2GNN 方法结构细节如表 5.3 所示。

表 5.2 AF2GNN 不同数据集的最优超参数设置

数据集	N	lr	L	T
PU	17000	0.0005	3	600
Salinas	10000	0.0005	3	600
UH2013	20000	0.0005	3	600

表 5.3 AF2GNN 方法结构细节

模块	细节
像素到区域分配	PCA-SLIC (1×1Cov+ReLU+BN) ×2 (光谱转换)
图构建	计算图连接矩阵 $\boldsymbol{A}$
图特征提取	(AF2GNN+LeakyReLU+BN) ×2
输出	softmax 分类器 (目标类别)

实验使用最新的软件和硬件资源。硬件资源采用带有 3.70G DDR4 RAM 的 Intel i9-10900K 处理器。关于 GPU，使用 NVIDIA GeForce GTX 1080Ti，带有 11GB 内存。本书中的所有实验都运行了 10 次，以 Pytorch Geometric 为代码运行后端，计算输出结果的标准偏差和平均值。此外，采用 OA、PA、AA 和 κ 作为评价指标来评估所有方法的性能。

5.4.2 分类结果对比分析

本节在 3 个广泛使用的数据集(PU、Salinas 和 UH2013)中，将 AF2GNN 与六种分类器进行比较。各分类器的 PA、OA、AA 和 κ 的定量分类结果如表 5.4～表 5.6 所示(加粗表示最优结果)。相应的分类结果图如图 5.5～图 5.7

所示。

表 5.4　不同方法在 PU 数据集上定量实验结果　（单位：%）

项目	JSDF	MBCTU	CRNN	DR-CNN	S^2GCN	MSAGE-CAL	AF2GNN
类别 1	82.40±4.07	87.49±3.99	79.85±4.62	92.10±2.38	92.87±3.79	93.93±1.02	**98.32±1.21**
类别 2	90.76±3.74	89.11±5.58	82.33±3.17	96.39±1.47	87.06±4.47	**99.90±0.10**	99.69±0.62
类别 3	86.71±4.14	86.24±4.23	89.67±3.69	84.23±3.21	87.97±4.77	89.75±2.46	**97.42±3.26**
类别 4	92.88±2.16	90.61±3.39	91.45±2.44	95.26±0.92	90.85±0.94	92.16±0.82	**95.82±1.08**
类别 5	**100.00±0.00**	97.18±1.18	94.12±1.78	97.77±1.29	**100.00±0.00**	98.71±1.29	99.27±0.57
类别 6	94.30±4.55	93.25±2.93	91.37±2.11	90.44±0.34	88.69±2.64	82.88±3.46	**98.92±0.79**
类别 7	96.62±1.37	93.49±2.47	93.67±1.97	89.05±2.65	98.88±1.08	99.54±0.26	**99.56±0.83**
类别 8	94.69±3.74	84.14±4.78	80.18±3.29	78.49±4.29	89.97±3.28	96.55±1.71	**98.71±0.97**
类别 9	**99.56±0.36**	96.57±1.22	82.34±4.86	96.34±1.58	98.89±0.53	96.40±1.33	98.38±1.08
OA	90.82±1.30	89.43±2.14	85.46±1.75	92.62±1.36	89.74±1.70	96.14±1.10	**98.32±0.63**
AA	93.10±0.65	90.90±0.89	87.22±1.82	91.12±0.92	92.80±0.47	94.42±0.87	**98.45±1.15**
κ	88.02±1.62	86.24±2.62	84.19±1.43	90.26±1.73	86.65±2.06	97.12±1.49	**98.61±0.59**

表 5.5　不同方法在 Salinas 数据集上定量实验结果　（单位：%）

项目	JSDF	MBCTU	CRNN	DR-CNN	S^2GCN	MSAGE-CAL	AF2GNN
类别 1	**100.00±0.00**	99.18±0.80	99.34±0.53	99.40±0.71	99.01±0.44	**100.00±0.00**	99.71±0.19
类别 2	**100.00±0.00**	99.76±0.33	99.17±0.21	99.46±0.85	99.18±0.59	99.95±0.05	**100.00±0.00**
类别 3	**100.00±0.00**	99.13±1.04	96.54±1.39	98.58±1.01	97.15±2.76	99.90±0.10	**100.00±0.00**
类别 4	**99.93±0.09**	97.61±0.82	97.32±0.27	99.70±0.26	99.11±0.55	**99.93±0.07**	98.82±0.83
类别 5	**99.77±0.31**	96.54±1.01	98.75±0.89	98.90±0.93	97.55±2.35	85.33±4.39	99.17±0.24
类别 6	**100.00±0.00**	99.74±0.32	99.19±0.77	99.57±0.61	99.32±0.35	98.98±1.02	99.85±0.16
类别 7	99.99±0.01	98.26±1.64	98.67±1.30	99.50±0.92	90.06±0.27	**100.00±0.00**	**100.00±0.00**
类别 8	87.79±4.89	81.98±4.32	72.38±3.98	75.59±3.21	70.68±5.20	92.59±2.17	**98.21±0.94**
类别 9	99.67±0.33	99.47±0.51	97.29±0.61	99.75±0.25	98.32±1.79	99.98±0.02	**100.00±0.00**
类别 10	96.53±2.55	92.21±2.75	91.44±1.64	94.29±2.46	90.97±2.59	97.27±2.73	**97.89±1.52**
类别 11	**99.76±0.21**	96.24±2.68	96.82±0.78	97.57±2.43	98.00±1.65	96.47±0.92	99.26±0.46
类别 12	**100.00±0.00**	98.98±0.45	99.21±0.32	99.99±0.01	99.56±0.59	99.74±0.26	98.23±0.57
类别 13	**100.00±0.00**	96.73±1.66	97.29±0.86	99.95±0.05	97.83±0.72	97.32±2.68	98.16±0.81
类别 14	98.71±0.72	96.50±3.05	95.10±1.73	98.57±1.29	95.75±1.65	93.62±3.17	**98.78±0.39**
类别 15	81.86±5.26	79.41±5.67	76.33±4.62	72.18±4.53	70.36±3.62	90.69±2.81	**98.44±1.32**
类别 16	98.99±0.63	96.89±2.19	97.99±0.61	98.45±0.97	96.90±1.97	97.15±1.23	**99.95±0.68**

续表

项目	JSDF	MBCTU	CRNN	DR-CNN	S^2GCN	MSAGE-CAL	AF2GNN
OA	94.67±0.77	92.14±0.86	87.64±0.83	90.35±1.34	88.39±1.01	96.87±1.20	**98.64±0.37**
AA	97.69±0.34	95.54±0.56	94.55±0.57	95.72±0.97	94.30±0.47	96.81±0.88	**99.09±0.50**
κ	94.06±0.85	91.25±0.95	86.72±1.01	89.26±1.26	87.10±1.12	97.06±0.92	**98.78±0.21**

表 5.6 不同方法在 UH2013 数据集上定量实验结果 (单位：%)

项目	JSDF	MBCTU	CRNN	DR-CNN	S^2GCN	MSAGE-CAL	AF2GNN
类别 1	**97.41±1.21**	92.86±3.83	82.45±2.19	95.62±1.65	96.30±3.07	87.21±2.31	96.79±2.14
类别 2	**99.84±0.25**	92.18±2.79	84.12±3.64	96.78±0.82	98.57±1.47	93.74±1.26	98.23±1.38
类别 3	99.88±0.22	97.42±1.19	91.56±1.07	96.75±0.94	98.88±0.43	97.01±0.92	**99.92±0.07**
类别 4	**98.22±2.80**	90.96±1.98	91.29±3.78	93.41±0.73	97.68±2.89	95.21±1.20	98.16±0.97
类别 5	**100.00±0.00**	97.17±1.29	98.81±0.62	99.15±0.89	97.66±1.12	98.94±1.06	**100.00±0.00**
类别 6	**99.32±1.09**	91.78±3.22	94.83±2.19	93.83±1.26	96.84±1.17	94.03±1.47	95.67±2.16
类别 7	91.32±4.91	82.88±3.81	86.42±3.42	80.71±2.15	83.48±5.89	91.35±2.91	**93.21±1.48**
类别 8	68.82±6.16	71.85±5.64	53.05±8.71	78.32±3.48	76.15±4.37	82.62±3.61	**89.52±2.82**
类别 9	69.47±8.56	81.94±4.25	84.04±4.63	76.90±2.43	82.17±1.78	88.31±1.74	**90.16±0.76**
类别 10	85.63±9.32	87.31±5.08	45.14±8.77	81.99±1.88	86.85±8.32	96.75±1.35	**97.29±1.43**
类别 11	94.51±3.82	77.41±6.46	61.85±9.39	84.04±1.43	88.57±5.06	92.19±0.91	**95.24±0.58**
类别 12	84.33±5.33	86.35±5.85	84.40±2.93	81.92±2.58	78.64±4.79	90.32±2.68	**92.26±3.18**
类别 13	**98.10±1.28**	85.58±5.35	84.14±3.12	86.54±2.31	75.62±6.93	88.44±3.76	91.77±4.52
类别 14	**100.00±0.00**	96.85±1.85	96.03±0.73	99.31±0.69	99.45±0.44	98.28±0.42	99.82±0.09
类别 15	**99.86±0.36**	92.27±3.32	93.45±2.41	99.60±0.52	98.03±1.07	98.36±0.94	97.81±1.18
OA	90.51±0.95	87.07±1.12	82.10±1.21	88.08±1.06	89.31±1.00	92.13±1.02	**94.69±0.94**
AA	92.46±0.75	89.32±1.08	79.21±1.02	89.66±1.82	90.33±1.06	92.85±0.76	**95.72±1.51**
κ	89.74±1.03	86.01±1.21	77.61±1.19	87.10±1.47	88.44±1.08	92.47±1.23	**94.92±0.87**

在 PU 数据集的实验中，AF2GNN 取得最高的 OA(98.32%)。由于 PU 数据集中的土地覆盖包含各种形状和大小,融合聚合器在学习不同土地覆盖之间的空间结构关系方面起着重要作用。具体而言，单一聚合器可能对特定类型的空间节点关系敏感,但是融合聚合器机制能识别并区分所有类型的空间节点关系。从结果来看，基于 GNN 的分类器(即 MSAGE-CAL 和 AF2GNN)的性能优于其他方法，这是因为它们可以从图中学习节点和边的相互关系。还应注意的是，AF2GNN 的性能优于 S^2GCN 和 MSAGE-CAL，这验证了采用自适应滤

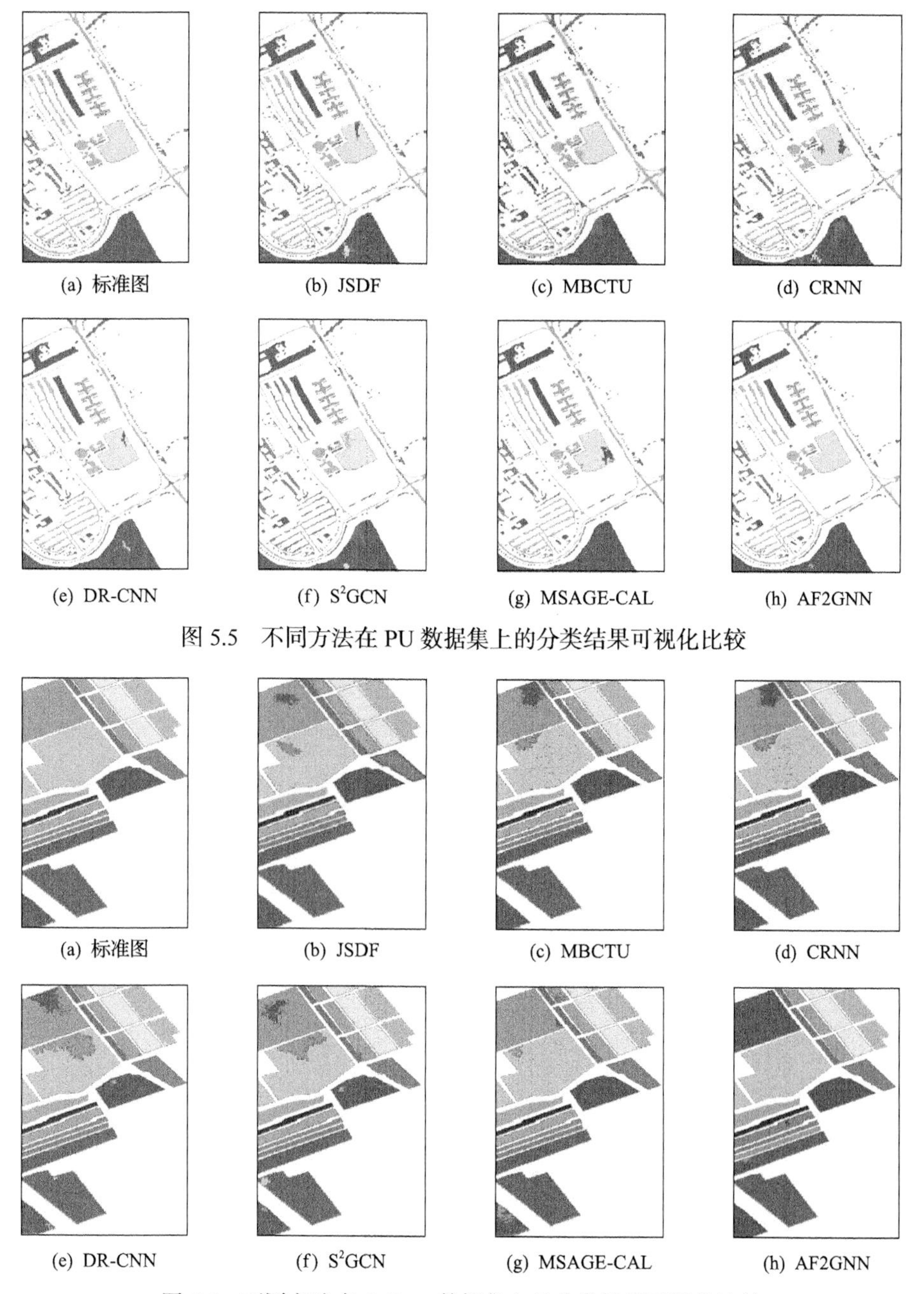

(a) 标准图　(b) JSDF　(c) MBCTU　(d) CRNN

(e) DR-CNN　(f) S^{2}GCN　(g) MSAGE-CAL　(h) AF2GNN

图 5.5　不同方法在 PU 数据集上的分类结果可视化比较

(a) 标准图　(b) JSDF　(c) MBCTU　(d) CRNN

(e) DR-CNN　(f) S^{2}GCN　(g) MSAGE-CAL　(h) AF2GNN

图 5.6　不同方法在 Salinas 数据集上的分类结果可视化比较

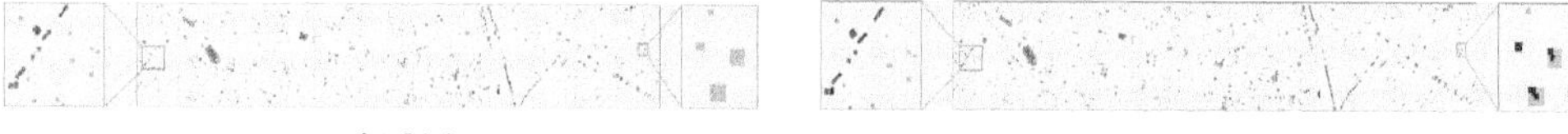

(a) 标准图　(b) JSDF

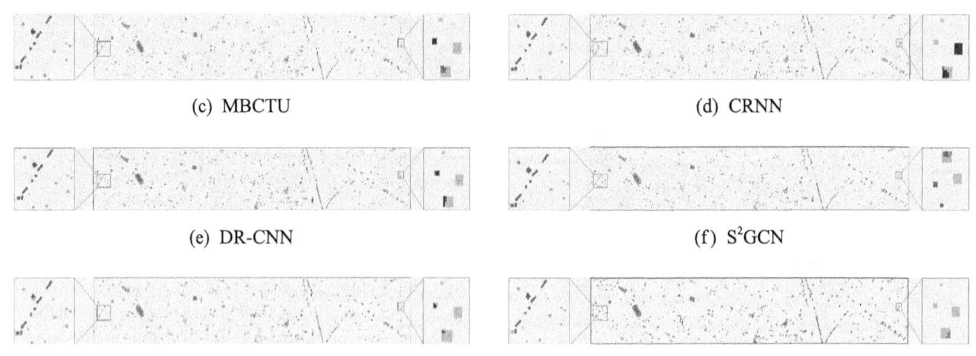

(c) MBCTU　(d) CRNN

(e) DR-CNN　(f) S^2GCN

(g) MSAGE-CAL　(h) AF2GNN

图 5.7　不同方法在 UH2013 数据集上的分类结果可视化比较

波器和聚合器融合设计的方法在高光谱分类中的优越性能。与 JSDF 相比，AF2GNN 结果在第 5 类和第 9 类的 AA 值分别为 99.27%和 98.38%，低于 JSDF 的 100.00%和 99.56%，这是因为局部分割(高光谱影像预处理)中存在错误，即一些像素被 PCA-SLIC 错误分割。如图 5.5 所示，与其他研究方法相比，AF2GNN 的分类结果图更平滑，分类错误更少。

不同方法在 Salinas 数据集上定量实验结果如表 5.5 所示。毫无疑问，AF2GNN 实现 98.64%的最高 OA 值，高于 MSAGE-CAL(96.87%)和 JSDF(94.67%)。相比之下，CRNN 和 DR-CNN 的 OA 值分别是 87.64%和 90.35%，因为在卷积过程中，固定尺度的卷积核会导致边缘丢失现象，而单一图滤波器不能很好地抑制谱噪声干扰。特别是，对于第 8 类和第 15 类(光谱相似且难于区分)，AF2GNN 的 AA 值分别为 98.21%和 98.44%，其性能优于比较方法。由于采用自适应滤波机制，本章提出的方法可以很好地区分具有相同光谱的不同土地覆盖地物。如图 5.6 所示，AF2GNN 产生的视觉结果明显更接近真实值，这证明所提分类方法设计的有效性。

在 UH2013 数据集的实验中，AF2GNN 的 OA 值最高，为 94.69%，比 MSAGE-CAL 的 OA 值提高 2.56 个百分点。这是因为 AF2GNN 对大型图具有更好的适应性和分类能力。这也表明，自适应滤波器和聚合器融合有助于高光谱影像分类精度的提高。由于 UH2013 数据集包含大量像素，不同土地覆盖地物之间的光谱具有很大的相似性，并且每个类别中包含的像素数量不平衡，因此与其他数据集的结果相比，所有方法的分类精度有所降低。在表 5.6 的结果中，基于 CNN 的方法获得的分类性能不是很令人满意。这表明，基于 CNN 的方法对标记样本不足数据集的适应性需要改进。为了便于对比观察，实验结果放大了图 5.7 中的一些特定区域。从放大的区域来看，AF2GNN 获得了最佳的视觉分类结果。

5.4.3　AF2GNN 超参数影响分析

本节进一步分析超像素数量 K 、卷积层 L 、学习率 lr 和迭代次数 T 对 AF2GNN 性能的影响。实验将超参数分为两组，并使用网格搜索策略来寻找最佳设置。采用 OA 记录 AF2GNN 在不同参数设置下的性能。实验设置与 5.4.1 节的设置相同。AF2GNN 在三个数据集的参数敏感度结果如图 5.8 和图 5.9 所示。

为了分析 K 和 L 的影响，将 T 和 lr 的值固定设置(表 5.2)。在实验中，K 间隔 2500 在 5000～20000 之间变化；L 设置为 1、2、3、4 和 5。两个参数的敏感度实验结果如图 5.8 所示。从三维图中可以观察到，OA 随着 K 的增加而

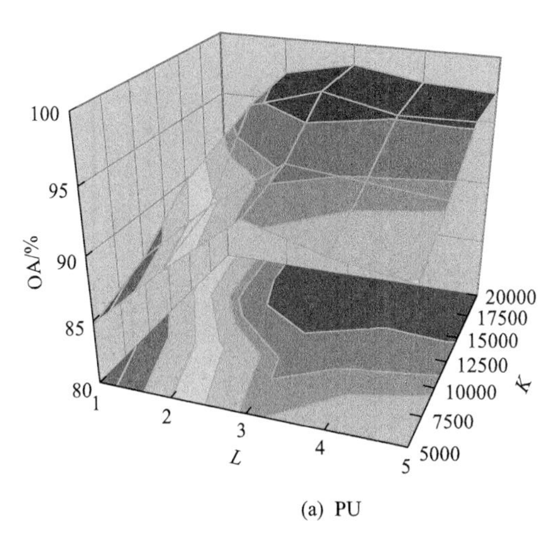

(a) PU

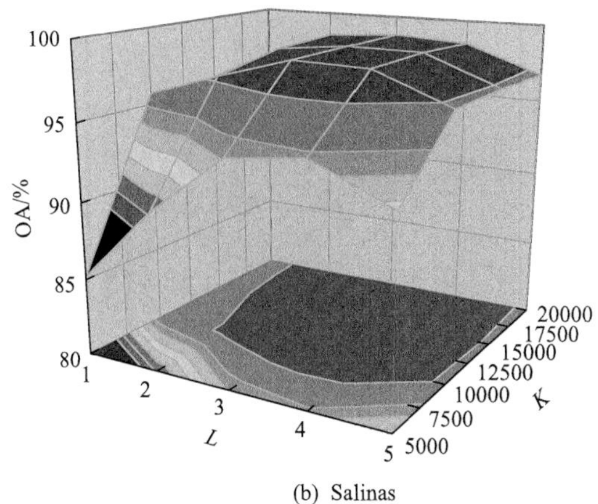

(b) Salinas

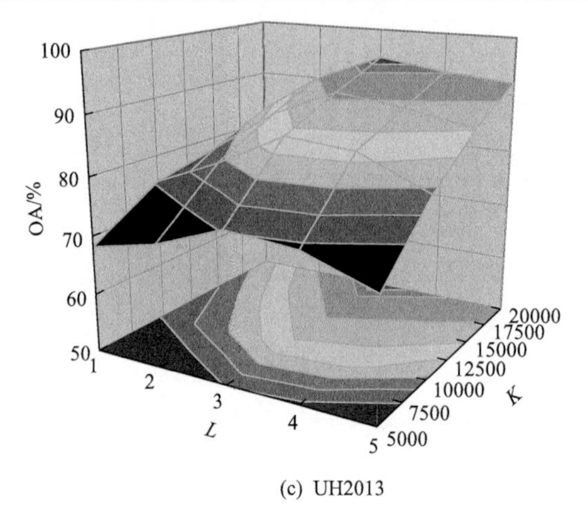

(c) UH2013

图 5.8　AF2GNN 对 L 和 K 的敏感度分析

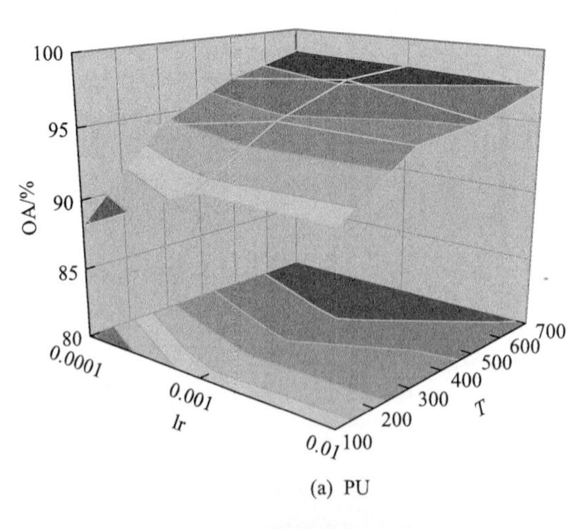

(a) PU

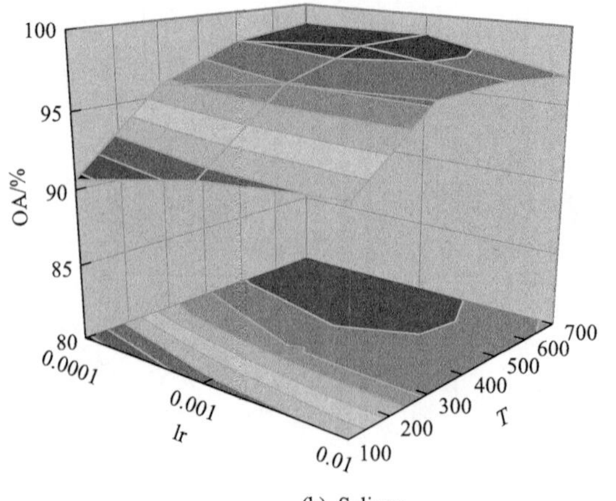

(b) Salinas

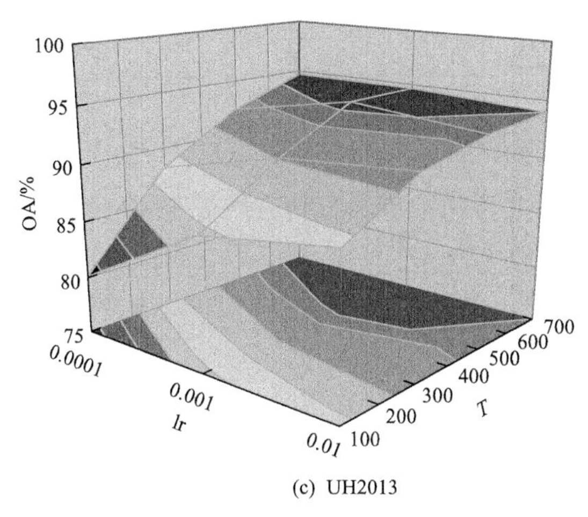

(c) UH2013

图 5.9　AF2GNN 方法对 lr 和 T 的敏感度分析

不断提高。这是因为 K 越大，超像素越小，可以保留更多的高光谱影像的局部空间特征。然而，K 越大意味着图越大，这不仅对方法的特征提取能力提出更高的要求，而且增加了计算负担。考虑训练速度和分类精度，算法在三个数据集上的 K 分别设置为 17000、10000 和 20000。L 对最终分类结果有很大的影响。较小的 L 不能有效地学习图的深层特征。然而，较大的 L 将降低高光谱影像分类的速度。从结果来看，当 L=3 时，三个数据集的性能最优(与大多数 GNN 网络一致)。需要强调的是，AF2GNN 分类精度不会随着 L 的增加而显著降低，即所提方法不存在过平滑现象，这也证明该方法的优越性。

实验将 K 和 L 的值固定设置(表 5.2)。T 以间隔为 100 在 100～700 变化，lr 设置为 0.0001、0.001 和 0.01。图 5.9 显示了 AF2GNN 在三个数据集上的 lr 和 T 敏感度。lr 对高光谱影像分类精度有很大影响，较大的 lr 可以更快地训练参数，即需要较少的时间训练网络。但是，较大的 lr 通常无法达到最优解，最终结果往往不稳定。考虑高光谱影像分类精度和网络学习效率，lr 设置为 0.0005。在本章提出的方法中，T 与 lr 密切相关。从结果可以观察到，当三个数据集的 $T = 600$ 时，方法达到最佳的分类精度。

5.4.4　不同数量的训练样本对 AF2GNN 方法性能影响分析

在高光谱上标记样本既费时又费力，因此高光谱影像分类经常面临训练标记样本不足的问题。为了评估该 AF2GNN 的小样本学习能力，本节研究 AF2GNN 在有限的训练样本下的性能。具体而言，随机选择上述三个数据集上每类 5、10、15、20、25 和 30 个标记像素，将 AF2GNN 与其他最新的高光谱影像分类器进行比较。所有实验重复 10 次，并记录平均 OA 值以评估所研究方法的性能。各分类器的表现如图 5.10 所示。从结果来看，在 Salinas 和 UH2013 数据集上，AF2GNN 优于其他对比分类器。具体而言，AF2GNN 利用较少的训练像素实现更高的分类精度。在 PU 数据集上，当训练样本数为 5 和 10 时，AF2GNN 与 MSAGE-CAL 的结果相似，但是 15 和 30 像素条件下的 AF2GNN 的性能优于 MSAGE-CAL。结果表明，AF2GNN 对有限样本训练集具有良好的适应性。

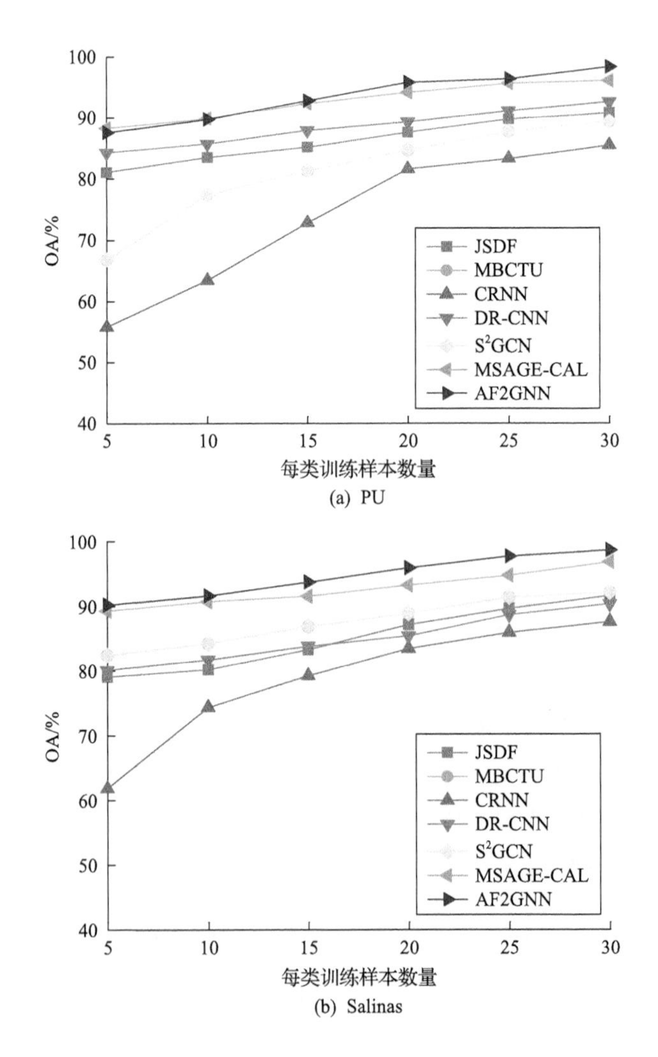

(a) PU

(b) Salinas

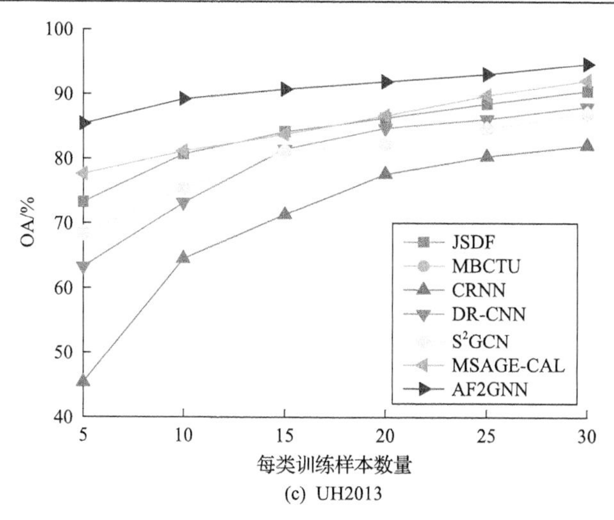

(c) UH2013

图 5.10　AF2GNN 有限训练样本条件下各分类方法表现

5.4.5　不同分割模块影响分析

下面研究不同分割模块对 AF2GNN 性能的影响。实验设置与 5.4.1 节所述一致。现有文献提出许多用于高光谱影像分类的特征提取和降维方法，如 PCA 和 LDA[156]。高光谱影像超像素分割方法主要有两种，包括 SLIC 和熵率超像素(entropy rate superpixel，ERS)方法[171]。不同图像预处理方法在 Salinas 数据集上的分割结果可视化比较如图 5.11 所示。OA 用于记录 AF2GNN 采用不同分割模块后的分类结果，如表 5.7 所示。可以看出，不同的降维分割方法都可以将高光谱影像分割成超像素，并且保持其局部特征。三个数据集的定量分类结果也验证了上述结论，基于四个不同模块的 AF2GNN 分类结果基本相同。这说明，不同图像预处理方法对最终结果的影响很小。

(a) PCA-SLIC　(b) PCA-ESR　(c) LDA-SLIC　(d) LDA-ESR

图 5.11　不同图像预处理方法在 Salinas 数据集上的分割结果可视化比较

表 5.7 AF2GNN 基于不同分割模块定量实验结果 (单位：%)

数据集	PCA-SLIC	PCA-ESR	LDA-SLIC	LDA-ESR
PU	98.32	98.49	98.27	98.25
Salinas	98.64	98.58	98.52	98.69
UH2013	94.69	94.62	94.71	94.55

5.4.6 消融实验

自适应滤波器和聚合器融合机制在 AF2GNN 方法中发挥着重要作用，可以提高高光谱影像分类性能。为了评估这两种机制在方法中的作用，在三个数据集上进行消融实验。在实验中，采用 OA 指数记录实验结果。如表 5.8 所示，AF2GNN 实验结果最优。具体而言，AF2GNN-V_1 和 AF2GNN-V_2 的性能分别优于 AF2GNN-V_4 和 AF2GNN-V_5，这表明聚合器融合机制的设计有助于提高高光谱影像分类精度；与 AF2GNN-V_4 和 AF2GNN-V_5 相比，AF2GNN-V_3 的结果更好，这验证了自适应滤波机制在本章所提方法中起着重要作用。因此，自适应滤波器和聚合器融合设计有助于改善方法高光谱影像分类结果。

表 5.8 AF2GNN 在三个数据集上的消融实验结果 (单位：%)

类别	项目	AF2GNN-V_1	AF2GNN-V_2	AF2GNN-V_3	AF2GNN-V_4	AF2GNN-V_5	AF2GNN
模块	自适应滤波器	—	—	√	—	—	√
	聚合器融合	√	√	—	—	—	√
	GCN	√	—	—	√	—	—
	GAT	—	√	—	—	√	—
数据集	PU	95.26	95.62	96.05	89.74	90.56	**98.32**
	Salinas	95.73	95.18	96.39	88.39	93.67	**98.64**
	UH2013	92.13	91.89	92.73	89.31	89.65	**94.69**

5.4.7 训练时间对比分析

为了研究 AF2GNN 的训练效率，表 5.9 中记录了不同的深度学习方法(包括 DR-CNN、CRNN、S^2GCN、MSAGE-CAL 和 AF2GNN)在三个数据集上的训练时间。实验设置与 5.4.1 节中的设置相同。从结果来看，与其他方法相比，MSAGE-CAL 和本章所提方法的所需训练时间是最少的。这是因为这两种方法采用的局部分割机制可以减少图的节点数，提高分类效率。然而，由于 AF2GNN 的复杂设计，即 AF2GNN 中采用的图形滤波器非常耗时，因此 PU 和 UH2013 上 MSAGE-CAL 的训练时间比 AF2GNN 短。需要强调的是，如果所提方法改变了图滤波器，则可以有效地提高运算效率。此外，在几乎相同的训练时间下，AF2GNN 的分类精度比 MSAGE-CAL 更高，更具鲁棒性。因此，该方法在计算效率上表现良好。

表 5.9　不同方法在三个数据集上的训练时间对比　（单位：s）

数据集	DR-CNN	CRNN	S^2GCN	MSAGE-CAL	AF2GNN
PU	3245	2967	2821	1057	1076
Salinas	3376	2848	3026	447	431
UH2013	3121	2937	3534	1887	2016

5.5　本 章 小 结

本章提出一种新的半监督高光谱影像分类方法——AF2GNN。该模型通过集成自适应滤波器和聚合器融合机制，可以有效地表达图形特征、抑制噪声、提高分类性能。为了了解土地覆盖地物的语义结构关系，减少节点数量，采用分割方法，并设计 1D CNN 对光谱特征进行自动转换。然后，设计一个不同于注意力的线性函数组合不同的滤波器。此外，定义度定标器来组合多个滤波器。最后，受 MPNN 框架的启发，提出 AF2GNN，在单个网络中实现自适应滤波器和聚合器融合机制，解决 GNN 使用单个滤波器和聚合器进行图节点分类的局限性。在 PU、Salinas 和 UH2013 数据集上，OA 分别达到 98.32%、98.64%和 94.69%，实验结果表明该方法的优越性。

目前，基于 GNN 的半监督高光谱影像分类方法在公共数据集上可以实现较高的分类精度。然而，模型训练仍然需要标记样本，无法彻底解决高光谱影像中标记样本不足的问题。未来将重点研究自监督方法，充分利用高光谱影像的光谱-空间特征，实现高光谱影像的无监督聚类。

第 6 章　无监督低通图神经网络高光谱影像特征提取与聚类

6.1　引　　言

基于自适应滤波器和聚合器融合的图卷积方法能够根据分类目标的不同自适应地选择滤波器和节点聚合器，实现多滤波器和多聚合器的自动融合，提高图形特征表达、噪声抑制和方法分类性能。但是，依然需要依赖标签像素对方法进行训练，没有从根本上解决高光谱影像分类标记样本缺乏的问题。同时，第 2～5 章采用的都是半监督方法对高光谱影像进行分类。虽然这些方法能够利用很少的样本对高光谱影像进行分类，但是都没有解决标签数据依赖问题。这在一定程度上限制了图神经网络方法在高光谱影像分类应用的实用性。

为了解决图神经网络应用于高光谱影像分类的标签数据依赖问题，本章提出一种自监督低通图卷积嵌入的 LGCC 方法。首先，采用像素到区域的变换来细化高光谱影像的局部空间光谱信息，并减少图节点的数量。其次，设计低通图卷积嵌入式自动编码器，通过训练内积解码器重构图来学习图的隐藏表示。再次，通过使用低通图卷积，LGCC 方法可以学习到更平滑的紧凑图表示，这有利于后续的聚类。最后，受 DEC 的启发[172]，设计一种自训练聚类机制来细化聚类结果，提出由图嵌入生成的软标签来监督自训练聚类过程。在 LGCC 方法中，基于低通图卷积的自动编码器模块和自训练聚类模块被联合集成到单个网络中，实现两个模块的相互作用。

本章工作的主要贡献是，采用像素到区域的变换，从 HSI 中提取局部空间光谱特征，减少聚类图节点数；提出一种低通图卷积嵌入自动编码器框架，该框架可以学习更平滑的图特征表示进行节点聚类，并通过最小化图重建损失来优化自动编码器；设计一种自训练聚类机制来细化聚类结果，其中利用图嵌入生成的软标签来监督自训练聚类过程；利用联合损失将图卷积的自动编码器模块和自训练聚类模块集成为一个整体，实现 LGCC 方法端到端训练。

6.2 LGCC 方法基本框架

本章意图通过图神经网络嵌入聚类方法实现高光谱影像的高精度聚类。对于给定的图 $\mathcal{G}$ ，利用低通图卷积嵌入聚类将节点分类为 φ 簇，即 $\{C_1, C_2,\cdots,C_\varphi\}$ ，其中簇中节点具有相似的光谱特征值和空间结构。因此，图特征表示在图形上应该是平滑的。聚类要实现的目的是，在理想情况下，簇内距离最小，簇间距离最大，即

$$\begin{cases} \min\sum_{i=1}^{m}\sum_{j=1}^{m}d(i,j)=\min\sum_{i=1}^{m}\sum_{j=1}^{m}\left\|f(x_i)-f(x_j)\right\|_2^2 \\ \max\sum_{\alpha=1}^{\varphi}\sum_{\beta=1}^{\varphi}d(\alpha,\beta)=\max\sum_{\alpha=1}^{\varphi}\sum_{\beta=1}^{\varphi}\left\|y(c_\alpha)-y(c_\beta)\right\|_2^2 \end{cases} \tag{6.1}$$

其中，x_i 为节点 i 的节点特征；$f(\cdot)$ 为节点最佳空-谱表示映射；m 为簇中包含的节点数；$y(\cdot)$ 为计算簇中心特征的函数；φ 为簇(类)数。

LGCC 方法的概念结构如图 6.1 所示。可以看出，LGCC 方法由三部分组成，即像素到区域变换、低通图卷积自动编码器、自训练聚类。

像素到区域变换将原始高光谱影像分割成局部超像素，并将平均光谱值作为超像素的特征值。在本章方法中，每个超像素被视为一个图节点。

低通图卷积自动编码器以节点特征和图结构作为输入。通过最小化图重建损失，学习潜在图嵌入特征表示。

自训练聚类可以根据学习到的图特征表示 $\boldsymbol{Z}$ 进行节点聚类，并通过优化自训练聚类损失来更新图特征表示 $\boldsymbol{Z}$ 。

6.3 无监督低通图神经网络高光谱影像聚类

6.3.1 低通图卷积自动编码器

为了对图节点进行聚类，基本假设是图中的相邻节点应该是密切相关的，因此图上的节点特征应该是平滑的，这样的节点特征才适合聚类。由于高光谱影像中同一类地物光谱特征相关性很强，因此超像素图节点符合特征平滑的特性。

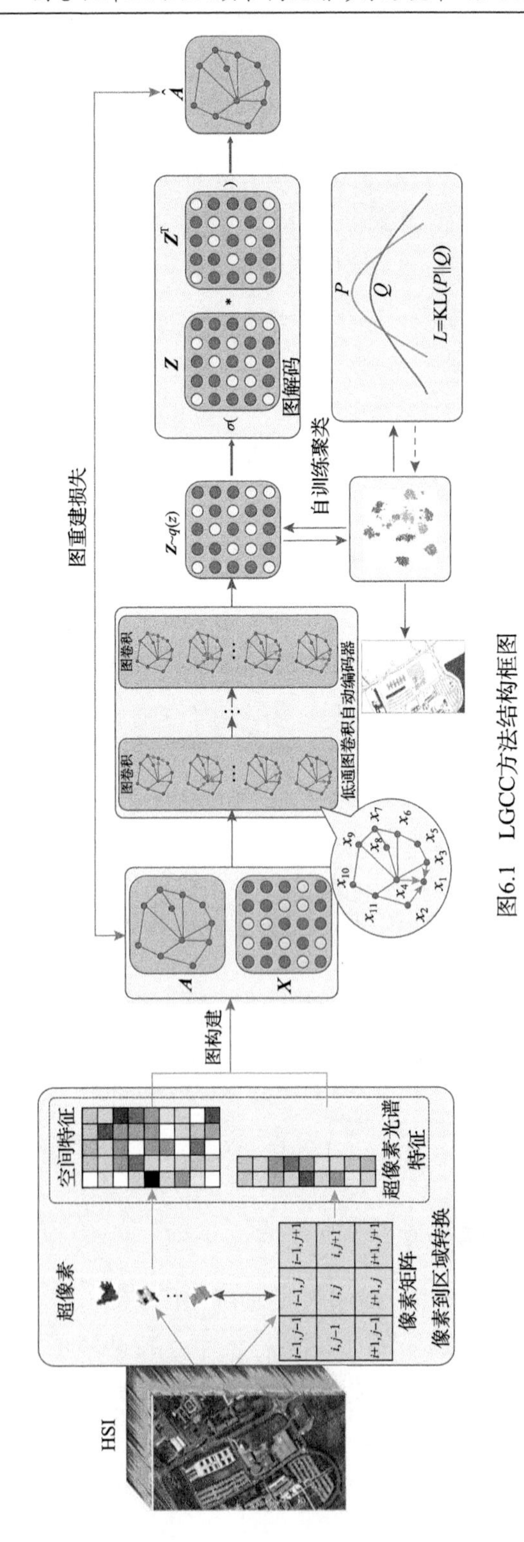

图6.1　LGCC方法结构框图

1. 平滑信号分析

给定图形信号(节点特征) $\boldsymbol{X}$ ，可以通过计算瑞利商[173]测量 $\boldsymbol{X}$ 的平滑度，即

$$R(\boldsymbol{L},\boldsymbol{X})=\frac{\boldsymbol{X}^{\mathrm{T}}\boldsymbol{L}\boldsymbol{X}}{\boldsymbol{X}^{\mathrm{T}}\boldsymbol{X}}=\frac{\sum\limits_{(v_i,v_j)\in\varepsilon}(x_i-x_j)^2}{\sum\limits_{i\in v}x_i^2} \tag{6.2}$$

其中，$\boldsymbol{L}$ 为图拉普拉斯矩阵；x_i 为第 i 个节点特征。

如式(6.2)所示，平滑信号与邻居节点信号具有相似的值。因此，可以得出结论，越平滑的信号包含越低的瑞利商。

考虑 $\boldsymbol{L}=\boldsymbol{U}\boldsymbol{\Lambda}\boldsymbol{U}^{-1}$ ，利用特征向量 $\boldsymbol{u}_q$ 表示节点平滑度，即

$$R(\boldsymbol{L},\boldsymbol{u}_q)=\frac{\boldsymbol{u}_q{}^{\mathrm{T}}\boldsymbol{L}\boldsymbol{u}_q}{\boldsymbol{u}_q{}^{\mathrm{T}}\boldsymbol{u}_q}=\lambda_q \tag{6.3}$$

式(6.3)表明，更平滑的特征向量具有更小的特征值。然后，可以将 $\boldsymbol{X}$ 分解为一个线性组合，即

$$\boldsymbol{X}=\boldsymbol{U}c=\sum_{q=1}^{n}c_q\boldsymbol{u}_q \tag{6.4}$$

其中，c_q 为第 q 个特征向量 $\boldsymbol{u}_q$ 的系数。

因此，可以根据式(6.2)～式(6.4)计算 $\boldsymbol{X}$ 的平滑度，可表示为

$$R(\boldsymbol{L},\boldsymbol{X})=\frac{\boldsymbol{X}^{\mathrm{T}}\boldsymbol{L}\boldsymbol{X}}{\boldsymbol{X}^{\mathrm{T}}\boldsymbol{X}}=\frac{\sum\limits_{c=1}^{n}c_q^2\lambda_c}{\sum\limits_{i\in v}c_q^2} \tag{6.5}$$

式(6.5)表明，可以通过保留低频基信号和过滤高频基信号获得更平滑的信号,这是图低通滤波器设计的基本原则。由于优异的性能和较高的计算效率，拉普拉斯平滑滤波器[174]通常用于聚类任务。

2. 低通滤波器设计

为了同时表示网络中的图结构 $\boldsymbol{A}$ 和节点特征 $\boldsymbol{X}$,设计了一种低通 GCN 作为图编码器，提出一种低通图滤波器。实践中有多种形式的低通图滤波器，这里将重点介绍 LGCC 方法中低通滤波器设计过程。首先，可以将频率响应函

数表示为

$$p(\lambda_i) = 1 - k\lambda_i \tag{6.6}$$

其中，k 为实数值；λ_i 为第 i 个特征值。

根据式(6.6)中 $p(\cdot)$，图形滤波器 $\boldsymbol{G}$ 可以表示为

$$\boldsymbol{G} = \boldsymbol{U}p(\boldsymbol{\Lambda})\boldsymbol{U}^{-1} = \boldsymbol{U}(\boldsymbol{I} - k\boldsymbol{\Lambda})\boldsymbol{U}^{-1} = \boldsymbol{I} - k\boldsymbol{L} \tag{6.7}$$

对节点特征矩阵 $\boldsymbol{X}$ 执行图卷积，过滤后的特征 $\tilde{\boldsymbol{X}}$ 可表示为

$$\tilde{\boldsymbol{X}} = \boldsymbol{G}\boldsymbol{X} = \boldsymbol{U}p(\boldsymbol{\Lambda})\boldsymbol{U}^{-1} \cdot \boldsymbol{U}p = \sum_{i=1}^{n}(1 - k\lambda_i)c_i u_i = \sum_{i=1}^{n} c_i' u_i \tag{6.8}$$

因此，为了实现低通滤波，$\boldsymbol{G}$ 应该是低通的，即频率响应函数 $1 - k\lambda$ 应该是非负的，并且是衰减函数。

定理 4　给定一个图滤波器 $\boldsymbol{G}$，如果频率响应函数 $p(\lambda)$ 对于所有 λ_i 都是非负且非递增的，那么给定任何信号 $\boldsymbol{X}$，并且滤波后的 $\tilde{\boldsymbol{X}} = \boldsymbol{G}\boldsymbol{X}$，总是存在

$$R(\tilde{\boldsymbol{X}}, \boldsymbol{X}) \leqslant R(\boldsymbol{L}, \boldsymbol{X}) \tag{6.9}$$

即

$$\frac{\sum_{i=1}^{n} b_i \lambda_i}{\sum_{i=1}^{n} b_i} \leqslant \frac{\sum_{i=1}^{n} c_i \lambda_i}{\sum_{i=1}^{n} c_i} \tag{6.10}$$

证明： 采用归纳法来证明定理 4，即

$$\begin{aligned} R_b^i &= \frac{\sum_{i=1}^{n} b_i \lambda_i}{\sum_{i=1}^{n} b_i} \\ R_c^i &= \frac{\sum_{i=1}^{n} b_i \lambda_i}{\sum_{i=1}^{n} b_i} \end{aligned} \tag{6.11}$$

如果 $\lambda_1 \leqslant \cdots \leqslant \lambda_n$ 且 $\frac{c_1}{b_1} \leqslant \cdots \leqslant \frac{c_n}{b_n}$，容易证明 $R_b^2 = R_c^2$。假设 $n = l-1$，$R_b^{l-1} \leqslant R_c^{l-1}$，因此

$$
\begin{aligned}
\frac{\sum_{i=1}^{l} b_i \lambda_i}{\sum_{i=1}^{l} b_i} &= \frac{\sum_{i=1}^{l-1} b_i \lambda_i + b_l \lambda_l}{\sum_{i=1}^{n} b_i + b_l} \\
&= \frac{\left(\sum_{i=1}^{l-1} b_i\right) \lambda_b^{(l-1)} + b_l \lambda_l}{\sum_{i=1}^{l-1} b_i + b_l} \\
&\leqslant \frac{\left(\sum_{i=1}^{l-1} b_i\right) \lambda_c^{(l-1)} + b \lambda_l}{\sum_{i=1}^{l-1} b_i + b_l}
\end{aligned} \tag{6.12}
$$

因为 $R_b^{l-1} \leqslant R_c^{l-1}$ 且 $\frac{\sum_{i=1}^{l-1} c_i}{\sum_{i=1}^{l-1} b_i} \leqslant \frac{c_l}{b_l}$，所以有

$$
\begin{aligned}
\frac{\left(\sum_{i=1}^{l-1} b_i\right) \lambda_b^{(l-1)} + b_l \lambda_l}{\sum_{i=1}^{l-1} b_i + b_l} &\leqslant \frac{\left(\sum_{i=1}^{l-1} c_i\right) \lambda_c^{(l-1)} + c \lambda_l}{\sum_{i=1}^{l-1} c_i + c_l} \\
&= \frac{\sum_{i=1}^{l} c_i \lambda_i}{\sum_{i=1}^{l-1} c_i}
\end{aligned} \tag{6.13}
$$

由此证明定理 4 可适用于所有 n。

l 阶图卷积定义为

$$
\tilde{\boldsymbol{X}} = (I - k\boldsymbol{L})^l \boldsymbol{X} = \tilde{\boldsymbol{G}}\boldsymbol{X} \tag{6.14}
$$

其中，$\tilde{\boldsymbol{G}}=(I-k\boldsymbol{L})^l$ 为 l 阶图卷积的滤波器，其频率响应函数为

$$p(\lambda_q)=(1-k\lambda_q)^l \tag{6.15}$$

在实践中，拉普拉斯矩阵 $\tilde{\boldsymbol{L}}$ 通常归一化为

$$\tilde{\boldsymbol{L}}_{\text{sym}}=\tilde{\boldsymbol{D}}^{-\frac{1}{2}}\tilde{\boldsymbol{L}}\tilde{\boldsymbol{D}}^{-\frac{1}{2}} \tag{6.16}$$

其中，$\tilde{\boldsymbol{L}}$ 和 $\tilde{\boldsymbol{D}}$ 为对应于 $\tilde{\boldsymbol{A}}=\boldsymbol{I}+\boldsymbol{A}$ 的拉普拉斯矩阵和度矩阵。

那么可以将滤波器表示为

$$\boldsymbol{G}=\boldsymbol{I}-k\tilde{\boldsymbol{L}}_{\text{sym}} \tag{6.17}$$

其中，如果 $k=1$，则 $\boldsymbol{G}$ 为 GCN 滤波器。

参考式(6.5)，将 k 设置为 $1/\lambda_{\max}$，则滤波器 $\boldsymbol{G}$ 是低通的，其中 $\lambda_{\max}$ 是最大特征值。

6.3.2 低通图卷积嵌入式自动编码器

参考 GCN 的传播规则，使用低通滤波器网络的传播函数为

$$\boldsymbol{Z}^{(l+1)}=\Phi\left(\tilde{\boldsymbol{D}}^{\frac{1}{2}}\tilde{\boldsymbol{A}}\tilde{\boldsymbol{D}}^{-\frac{1}{2}}\boldsymbol{Z}^{(l)}\boldsymbol{W}^{(l)}\right) \tag{6.18}$$

其中，$\boldsymbol{Z}^{(l)}$ 为第 l 层学习表示，$\boldsymbol{Z}^{(l)}=\boldsymbol{X}$；$\boldsymbol{W}^{(l)}$ 为通过网络训练学习到的系数矩阵。

在 LGCC 方法中，图编码器是具有低通滤波器的两层 GCN，传播函数可表示为

$$\boldsymbol{Z}=\Phi_2\left(\tilde{\boldsymbol{D}}^{\frac{1}{2}}\tilde{\boldsymbol{A}}\tilde{\boldsymbol{D}}^{-\frac{1}{2}}\Phi_1\left(\tilde{\boldsymbol{D}}^{\frac{1}{2}}\tilde{\boldsymbol{A}}\tilde{\boldsymbol{D}}^{-\frac{1}{2}}\boldsymbol{X}\boldsymbol{W}^{(0)}\right)\boldsymbol{W}^{(1)}\right) \tag{6.19}$$

其中，Φ_1 和 Φ_2 为激活函数 LeakyReLU。

利用式(6.19)，节点属性和图结构可以编码到图特征表示 $\boldsymbol{Z}$ 中。

为了重建节点特征和图结构，LGCC 方法中引入一个简单的内积解码器，即

$$\hat{\boldsymbol{A}}_{ij} = \mathrm{Sigmoid}(\boldsymbol{Z}^{\mathrm{T}}\boldsymbol{Z}) \tag{6.20}$$

其中，$\hat{\boldsymbol{A}}_{ij}$ 为重构图的邻接矩阵，可以灵活有效地表示重构图的结构，这样就可以对原始图的节点特征和结构进行解码。

图重构误差可表示为 $\hat{\boldsymbol{A}}$ 和 $\boldsymbol{A}$ 之间的差值，即

$$\mathcal{L}_r = \sum_{i,j=1}^{n} \mathrm{loss}\left(\boldsymbol{A}_{i,j}, \hat{\boldsymbol{A}}_{i,j}\right) \tag{6.21}$$

6.3.3　自监督聚类

原始图可以通过低通图卷积自动编码器编码为紧凑表示。然而，自动编码器学习的图隐藏表示 $\boldsymbol{Z}$ 可以表示节点特征和图结构，因为没有聚类过程对其进行优化，因此学习到的图隐藏表示 $\boldsymbol{Z}$ 可能不适合聚类。此外，无监督图聚类的主要挑战是不存在用于网络训练的标签。为了克服这些问题，受 DEC 的启发，LGCC 方法提出一种自训练策略，其中自训练聚类使用软标签来监督聚类过程，对网络进行监督训练，即

$$\mathcal{L}_c = \mathrm{KL}\left(P \| Q\right) = \sum_i \sum_j p_{ij} \log \frac{p_{ij}}{q_{ij}} \tag{6.22}$$

其中，$\mathrm{KL}(\cdot\|\cdot)$ 为 Kullback-Leibler 散度，用于衡量两个分布的相似性；p_{ij} 为目标分布；Q 为软标签分布，可以用 q_{ij} 来衡量簇中心 u_j 和节点 i 的节点嵌入 z_i 之间的相似性。

LGCC 方法提出采用学生 t 分布来衡量 q_{ij}，软聚类分配分布定义为

$$q_{ij} = \frac{\left(1 + \left\| z_i - u_j \right\|^2\right)^{-1}}{\sum_{j'} \left(1 + \left\| z_i - u_{j'} \right\|^2\right)^{-1}} \tag{6.23}$$

另一方面，目标分布 p_{ij} 可以表示为

$$p_{ij} = \frac{q_{ij}^2 \Big/ \sum_i q_{ij}}{\sum_k \left(q_{ik}^2 \Big/ \sum_i q_{ik} \right)} \tag{6.24}$$

如上所述，通过最小化$\mathcal{L}_c$，可以得到更密集的Q分布。也就是说，它使类中节点的分布更相似，并且不同类中节点之间的距离更长。

6.3.4 联合嵌入与优化

为了学习图的隐藏表示并训练图聚类,将图重构损失和自训练聚类损失联合起来，即

$$\mathcal{L} = \mathcal{L}_r + \gamma \mathcal{L}_c \tag{6.25}$$

其中，$\gamma \geqslant 0$为用于控制扭曲嵌入空间度的系数权重，设置为0.1。

在LGCC方法中，训练过程需要更新权重系数$W^{(l)}$、聚类中心u_j和目标分布p_{ij}。该方法采用梯度下降法来更新网络权重系数。

在固定p_{ij}的情况下，$\mathcal{L}_c$相对u_j的梯度可以表示为

$$\frac{\partial \mathcal{L}_c}{\partial u_j} = 2\sum_{i=1}^{N}\left(1+\left\|z_i - u_j\right\|^2\right)^{-1}\left(q_{ij} - p_{ij}\right)\left(z_i - u_j\right) \tag{6.26}$$

给定学习速率η，u_j更新可表达为

$$u_j = u_j - \eta \frac{\partial \mathcal{L}_c}{\partial u_j} \tag{6.27}$$

然后，权重系数$W^{(l)}$可更新为

$$W^{(l)} = W^{(l)} - \alpha\left(\frac{\partial \mathcal{L}_r}{\partial W^{(l)}} + \gamma \frac{\partial \mathcal{L}_c}{\partial W^{(l)}}\right) \tag{6.28}$$

目标分布p_{ij}是一个软标签，可以视为groundtruth，利用所有嵌入节点信息每T次迭代实现更新。通过对嵌入节点$\boldsymbol{Z}$进行k-means聚类，获得$\boldsymbol{m}$个初始质心$\{u_j\}_{j=1}^{m}$。然后，通过式(6.22)和式(6.23)更新p_{ij}，n_i的标签评估为

$$n_i = \arg\max_j q_{ij} \tag{6.29}$$

当两次连续更新之间的目标分布p_{ij}变化小于固定δ或训练次数T达到设定上限值时，停止网络训练进程。聚类结果由最后优化的软标签分布Q表示。自监督低通图卷积嵌入聚类如算法7所示。

算法 7：自监督低通图卷积嵌入聚类

输入：图 $\mathcal{G}$；初始聚类中心数 m；迭代次数 T；系数权重 γ；分布阈值 δ

1：　根据式(6.16)计算图拉普拉斯矩阵 $\tilde{\boldsymbol{L}}$；

2：　$k \leftarrow 1/\lambda_{\max}$；

3：　根据式(6.19)～式(6.21)进行图自动编码，获取图隐含特征表示 $\boldsymbol{Z}$；

4：　基于 $\boldsymbol{Z}$ 利用 k-means 聚类得到 m 个初始簇的质心 u_j；

5：　**For** $t=1$ to $T-1$ do

6：　　利用式(6.23)计算软标签分布 Q；

7：　　利用式(6.24)计算目标分布；

8：　　利用式(6.22)计算自训练聚类损失 $\mathcal{L}_c$；

9：　　如果 $\mathcal{L}_c \leqslant \delta$ 停止

10：　　利用式(6.25)计算联合嵌入损失 $\mathcal{L}$，并利用 Adam 梯度下降更新权重系数矩阵；

11：　**end**

输出：根据式(6.29)获得最终聚类结果 Q

6.3.5　像素到区域变换与图构建

1. 空间变换

给定具有 B 个光谱通道和 τ 个像素的高光谱影像，首先使用 PCA 降低维数，然后保留第一主成分生成降维图像 $I_b=\left\{x_1^{\mathrm{r}},x_2^{\mathrm{r}},\cdots,x_\tau^{\mathrm{r}}\right\}$，其中 $b \ll B$ 是降维后的光谱通道，r 代表降维。最后，采用 SLIC 将高光谱影像中的连接像素分割为超像素，超像素的数学定义为

$$\mathrm{HSI}=\bigcup_{i=1}^{K} S_i,\quad S_i \cap S_j=\varnothing;\ i \neq j;\ i,j=1,2,\cdots,S \tag{6.30}$$

其中，S_i 为包含 τ_i 关联像素的超像素，$S_i=\{p_{i,1},p_{i,2},\cdots,p_{i,\tau_i}\}$；$S$ 为超像素的总数。

超像素中的像素具有很强的光谱-空间相关性。在本章提出的方法中，超像素被视为图节点。图的节点数量可以通过调节超像素 S 的数量来控制，这与计算复杂度密切相关。

2. 光谱变换

如上所述，高光谱影像通过空间分割转化为超像素。在 PCA 降维过程中，

高光谱影像中包含的光谱信息会部分丢失。为了克服这个问题，本章方法直接从原始高光谱影像中提取每个像素的光谱值，并计算超像素包含像素的光谱平均值作为超像素的光谱特征，从而保留所有光谱信息。空间位置 p_0 处像素的光谱特征向量可以写为

$$\boldsymbol{x}(p_0)=\left(X_1(p_0),X_2(p_0),\cdots,X_B(p_0)\right) \tag{6.31}$$

其中，$p_0=(x,y)$ 为像素在高光谱影像中的空间位置；$X_i(p_0)$ 为像素在第 i 个光谱中的空间位置 p_0 处的光谱值。

该方法将每个超像素的平均光谱特征作为一个节点向量，图节点可以表示为

$$\boldsymbol{X}=\left(\boldsymbol{X}_1,\boldsymbol{X}_2,\cdots,\boldsymbol{X}_S\right)^{\mathrm{T}}=\left(\frac{1}{N_1}\sum_{k=1}^{N_1}\boldsymbol{x}_k^1,\frac{1}{N_2}\sum_{k=1}^{N_2}\boldsymbol{x}_k^2,\cdots,\frac{1}{N_S}\sum_{k=1}^{N_S}\boldsymbol{x}_k^S\right) \tag{6.32}$$

其中，$\boldsymbol{X}_i$ 为第 i 个节点特征向量；N_i 为超像素中包含的像素数量；$\boldsymbol{x}_k^i$ 为像素的光谱特征向量。

3. 图的构建

邻接矩阵 $\boldsymbol{A}_{i,j}\in\mathbf{R}^{K\times K}$ 可以表示为

$$\boldsymbol{A}_{i,j}=\begin{cases}\mathrm{e}^{-\gamma\left\|\boldsymbol{X}_i-\boldsymbol{X}_j\right\|^2}, & \boldsymbol{X}_i\in\mathcal{N}_t(\boldsymbol{X}_j)\text{或}\boldsymbol{X}_j\in\mathcal{N}_t(\boldsymbol{X}_i)\\ 0, & \text{其他}\end{cases} \tag{6.33}$$

其中，$\boldsymbol{X}_i$ 和 $\boldsymbol{X}_j$ 为节点 i 和节点 j 的光谱特征；$\mathcal{N}_t(\boldsymbol{X}_j)$ 为 $\boldsymbol{X}_j$ 的 t 跳邻居；$\gamma=0.2$ 是一个经验值。

6.4　实验结果与分析

在这一部分中，进行一系列数值实验，评估 LGCC 方法在三个真实数据集下的性能。具体而言，通过与 10 种聚类方法的比较，评估 LGCC 方法的聚类性能；然后分析该网络的参数选择；随后进行消融实验，验证 LGCC 方法设计的合理性；最后分析 LGCC 方法的计算复杂度。

6.4.1 实验设置

1.对比方法

为了评估 LGCC 方法的性能，采用 10 种有代表性的聚类方法作为比较方法，包括 *k*-means[175]、FCM[176]、FCM-S1[177]、光谱聚类(spectral clustering, SC)[178]、基于结构化图学习的快速谱嵌入聚类(fast spectral embedded clustering based on structured graph learning, FSECSGL)[179]、S^5C[180]、SGCNR(scalable graph-based clustering with nonnegative relaxation)[181]、AE[182]+*k*-means、DEC[172]和对比聚类(contrastive clustering, CC)[183]。具体而言，*k*-means、FCM 和 FCM-S1 是传统的图像聚类方法；S^5C 属于子空间聚类方法；FSECSGL 和 SGCNR 属于浅层图聚类方法；AE+*k*-means、DEC 和 CC 是大规模 HSI 聚类的深度聚类方法。

2. 评估指标和参数设置

在 LGCC 方法中，应设置六个超参数，即超像素数 S 、低通图卷积层 L 、迭代次数 T 、学习率 η 、初始聚类中心数 $\boldsymbol{m}$ 和分布阈值 δ 。LGCC 方法不同数据集的最优超参数设置如表 6.1 所示。LGCC 方法中两个隐藏层的维数分别设置为 168 和 16，并通过 *k*-means 聚类得到 $\boldsymbol{m}$ 个初始聚类中心 $\{u_j\}_{j=1}^{m}$ 。

表 6.1 LGCC 方法不同数据集的最优超参数设置

数据集	S	L	T	η	m	δ
IP	1000	2	200	0.001	16	0.1
Salinas	7000	2	200	0.001	16	0.1
UH2013	15000	2	200	0.001	15	0.1

实验硬件资源采用带有 3.70G 内存的 Intel i9-10900K 处理器。关于 GPU，使用 NVIDIA GeForce GTX 1080Ti，带有 11GB 内存。本书中的所有实验都运行 10 次，以 Pytorch Geometric 为运行后端，计算 10 次聚类结果的平均值。此外，采用 PA、OA、κ 、NMI、ARI 评估研究方法的性能。

6.4.2 实验结果对比分析

1. IP 数据集上聚类结果

第一次实验是在 IP 数据集上进行的，以验证 LGCC 方法对具有严重噪声干扰的小规模高光谱影像数据集的聚类性能。不同方法得到的定量结果如表 6.2

所示，最优性能用粗体标出，次优的用下划线表示。相应的聚类结果可视化比较如图 6.2 所示。

表 6.2　不同聚类方法在 IP 数据集上聚类定量实验结果　　（单位：%）

项目	*k*-means	FCM	FCM-S1	SC	FSECSGL	S^5C	SGCNR	AE+*k*-means	DEC	CC	LGCC
类别 1	05.94	05.67	06.34	00.00	06.25	11.25	00.00	08.70	00.00	08.70	**12.43**
类别 2	45.63	52.26	44.26	02.73	21.39	25.37	43.98	14.08	18.77	29.55	**67.87**
类别 3	18.19	21.18	17.81	00.48	32.16	35.76	01.33	19.40	28.92	57.95	**68.49**
类别 4	12.37	10.58	21.09	00.00	30.18	15.31	14.77	17.30	24.05	88.61	**94.74**
类别 5	34.47	29.46	33.93	01.66	57.49	62.79	49.28	52.17	00.00	65.84	**72.39**
类别 6	69.01	76.45	80.08	00.00	51.80	55.24	21.23	93.29	97.26	97.95	**99.16**
类别 7	00.00	10.43	00.00	00.00	42.97	**70.19**	00.00	00.00	00.00	00.00	09.26
类别 8	62.39	89.22	57.06	**1.0000**	61.39	51.24	95.82	71.34	64.64	**1.0000**	**1.0000**
类别 9	00.00	**64.00**	02.15	00.00	00.00	13.29	15.00	00.00	00.00	00.00	52.79
类别 10	56.54	25.28	52.68	00.31	31.62	26.18	37.35	50.21	36.93	40.95	**73.92**
类别 11	47.33	51.41	59.66	**96.09**	48.02	22.35	69.33	37.52	32.02	29.57	60.48
类别 12	25.92	27.88	25.53	00.17	09.71	00.00	17.54	15.51	27.49	**74.37**	52.61
类别 13	32.76	42.89	29.56	14.63	60.95	75.31	96.10	50.24	36.10	**1.0000**	**1.0000**
类别 14	85.59	80.06	91.73	**1.0000**	65.73	46.29	48.77	76.05	77.63	68.54	77.35
类别 15	20.07	28.69	25.84	00.00	18.19	00.00	15.80	69.95	70.21	**1.0000**	**1.0000**
类别 16	00.00	06.32	00.00	74.19	57.32	**77.26**	68.82	55.91	60.22	00.00	68.26
OA	38.11	37.57	35.89	41.53	42.36	40.72	45.30	44.58	41.71	55.14	**72.39**
κ	35.72	29.75	27.82	27.94	35.17	35.18	37.30	38.47	35.91	51.92	**68.23**
NMI	43.86	43.80	42.17	50.41	42.31	43.17	46.28	45.27	47.87	66.44	**72.54**
ARI	21.95	22.95	20.70	24.55	22.47	22.96	25.71	26.61	29.68	40.70	**51.72**

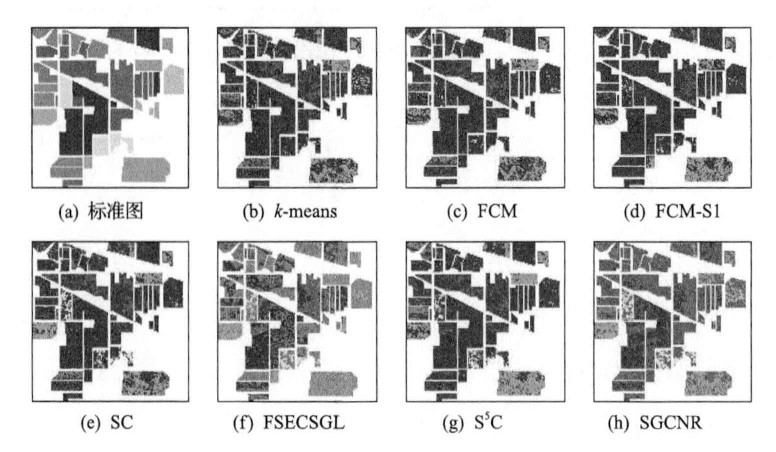

(a) 标准图　(b) *k*-means　(c) FCM　(d) FCM-S1

(e) SC　(f) FSECSGL　(g) S^5C　(h) SGCNR

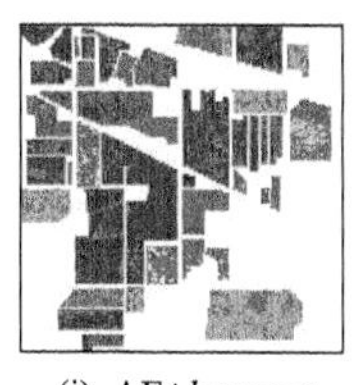
(i) AE+*k*-means

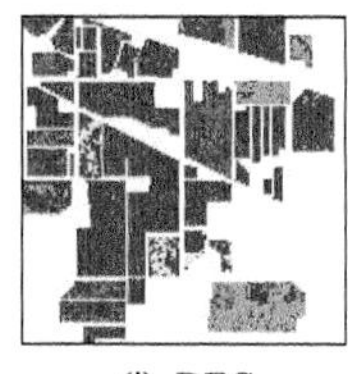
(j) DEC

(k) CC

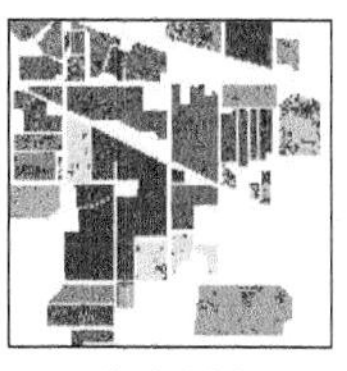
(l) LGCC

图 6.2　不同方法在 IP 数据集上的聚类结果可视化比较

由表 6.2 可知，第一，在经典方法中，*k*-means 的 OA 值为 38.11%，与 FCM (37.57%) 和 FCM-S1 (35.89%) 相比，分别提高 0.54 和 2.22 个百分点。比较结果表明，*k*-means 比 FCM 和 FCM-S1 更能区分混合和相似的光谱信息。第二，基于图的聚类方法比基于非图的聚类方法获得了更好的结果，这验证了图的聚类方法在高光谱影像聚类中的优越性。这主要是因为基于图的聚类方法可以通过将高维光谱特征转化为图切割问题来提取像素之间复杂的非线性特征。具体来说，FSECSGL 和 SGCNR 的 OA 值是 42.36%和 45.30%，相比 *k*-means 分别提高 3.25 和 7.19 个百分点。第三，深度聚类方法 (AE+*k*-means、DEC、CC 和 LGCC) 结果优于浅层方法 (*k*-means、FCM、FCM-S1 和 SC)，因为深度聚类可以通过网络训练学习深层影像特征。第四，LGCC 方法比其他方法更能有效进行聚类。具体而言，LGCC 方法获得的 OA 为 72.39%，比次优 CC (55.14%) 提高 17.25 个百分点。此外，LGCC 方法在 κ 、NMI 和 ARI 方面的结果分别为 68.23%、72.54%和 51.72%，与次优值相比分别增加 16.13、6.1 和 11.02 个百分点。同时，可以很容易地观察到，大多数土地覆盖地物的 PA 值都优于对比方法。根据图 6.2 所示的视觉聚类结果，LGCC 方法实现了最平滑、分类错误最少的聚类图。

2. Salinas 数据集上聚类结果

第二个实验是在 Salinas 数据集上进行的，以验证 LGCC 方法在中等规模高光谱数据集上的聚类性能。不同聚类方法得到的定量实验结果如表 6.3 所示，最优性能用粗体标出，次优的用下划线表示，OOM 表示内存不足。相应的视觉聚类结果如图 6.3 所示。

表 6.3　不同聚类方法在 Salinas 数据集上聚类定量实验结果　(单位：%)

项目	*k*-means	FCM	FCM-S1	SC	FSECSGL	S^5C	SGCNR	AE+*k*-means	DEC	CC	LGCC
类别 1	99.85	41.79	48.60	OOM	11.79	00.00	00.00	00.00	90.00	**1.0000**	**1.0000**
类别 2	56.98	55.24	56.37	OOM	83.05	96.28	64.02	1.0000	79.33	89.69	**99.17**
类别 3	97.41	85.01	**1.0000**	OOM	21.79	04.34	33.33	55.01	00.00	**1.0000**	97.15

续表

项目	*k*-means	FCM	FCM-S1	SC	FSECSGL	S^5C	SGCNR	AE+*k*-means	DEC	CC	LGCC
类别 4	98.65	00.00	95.37	OOM	90.18	85.12	**99.50**	93.40	50.79	00.00	90.11
类别 5	**78.56**	55.40	73.65	OOM	62.90	75.26	68.30	73.67	74.12	53.10	72.54
类别 6	99.52	**99.90**	97.04	OOM	97.29	98.32	99.87	84.06	83.66	66.03	99.33
类别 7	48.10	00.00	00.03	OOM	54.12	11.26	**97.98**	33.28	69.43	74.99	78.06
类别 8	73.09	77.72	84.12	OOM	51.33	49.17	54.78	50.08	**85.65**	36.15	68.42
类别 9	97.50	69.69	96.02	OOM	68.17	68.26	74.96	**99.97**	99.94	72.01	98.16
类别 10	61.69	55.07	54.29	OOM	20.36	31.58	**89.59**	58.63	33.50	94.51	85.16
类别 11	33.70	00.00	30.13	OOM	48.92	62.13	09.62	00.00	00.00	**1.0000**	79.21
类别 12	02.73	00.47	00.00	OOM	62.08	51.84	83.11	94.60	82.93	**99.84**	81.23
类别 13	35.48	81.34	46.13	OOM	00.00	**93.21**	00.00	00.00	00.00	00.00	62.48
类别 14	55.84	65.12	74.69	OOM	00.00	87.25	66.49	**96.45**	00.00	00.00	71.29
类别 15	49.94	42.79	50.64	OOM	59.31	39.48	00.00	62.37	05.79	56.87	**77.52**
类别 16	00.00	83.21	84.33	OOM	88.72	66.17	86.30	**99.17**	90.92	1.0000	88.24
OA	67.99	56.73	63.18	OOM	56.06	51.68	<u>69.41</u>	65.68	62.57	63.96	**82.26**
κ	65.72	54.31	62.02	OOM	54.47	50.35	<u>70.17</u>	62.06	57.96	61.23	**83.63**
NMI	73.56	68.59	70.89	OOM	66.29	63.27	<u>79.86</u>	77.20	77.05	78.06	**85.47**
ARI	54.66	46.93	51.19	OOM	47.06	43.59	<u>59.22</u>	55.48	58.24	53.30	**70.31**

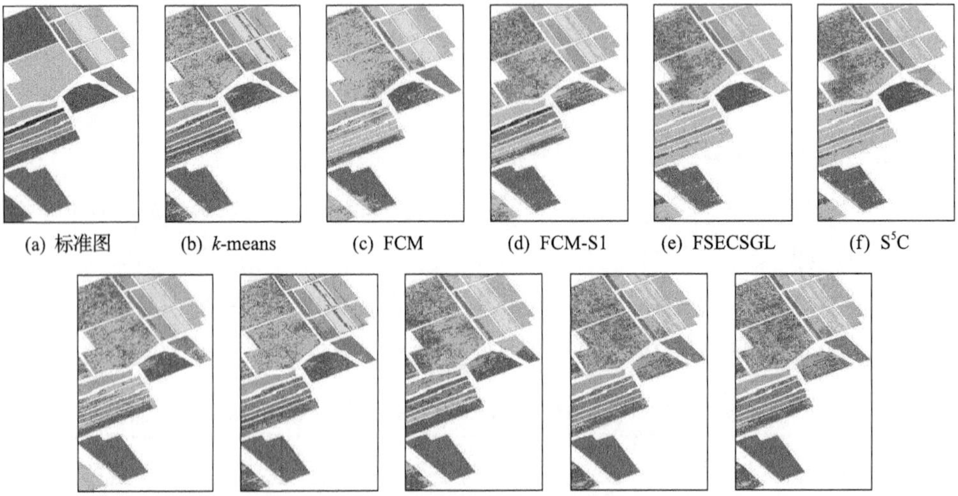

(a) 标准图 (b) *k*-means (c) FCM (d) FCM-S1 (e) FSECSGL (f) S^5C

(g) SGCNR (h) AE+*k*-means (i) DEC (j) CC (k) LGCC

图 6.3 不同方法在 Salinas 数据集上的聚类结果可视化比较

从表 6.3 所示的聚类结果可以很容易地总结出以下结论。第一，与 IP 的聚类结果相比，所有研究方法的聚类结果都有很大的提高。其主要原因是，Salinas 数据集中覆盖地物的光谱信息含有较少的噪声干扰，因此可以更容易地对不同的覆盖地物进行分类。然而，数据集中包含更多像素，并且像素之间复杂的相互关系对聚类方法提出更高的挑战，致使 SC 面临内存不足的问题。第二，*k*-means 在经典方法(*k*-means、FCM 和 FCM-S1)中表现最好。然而，*k*-means 聚类在不同覆盖地物之间的 PA 是不平衡的。具体而言，类别 1 的 PA 值为 99.85%，类别 12(Lettuce-5wk)和类别 16(Vineyard-trellis)的 PA 值分别为 2.73%和 0%。第三，从深度聚类和浅层聚类方法得到的定量结果可知，深度聚类方法并没有达到预期的聚类优势。这些结果表明，深度聚类方法并不总是优于浅层聚类方法。第四，与次优模型相比，LGCC 方法取得了最佳的聚类性能，OA、κ 、NMI 和 ARI 值分别提高 12.85、13.46、5.61 和 12.17 个百分点，实现最佳的聚类性能。此外，就 PA 值而言，不同类别之间的值更加平衡。这些结果验证了模型设计的合理性和优越性。关于聚类图，LGCC 方法产生的视觉结果明显更接近实际情况。因此，LGCC 方法在 Salinas 数据集上的定量结果和视觉结果都优于其他聚类模型。

3. UH2013 数据集上聚类结果

第三次实验是在 UH2013 数据集上进行的，定量结果和聚类结果图分别如表 6.4 和图 6.4 所示。值得注意的是，表 6.4 中的最优性能以粗体标记，次优的用下划线表示，OOM 表示内存不足。

表 6.4　不同聚类方法在 UH2013 数据集上聚类定量实验结果（单位：%）

项目	*k*-means	FCM	FCM-S1	SC	FSECSGL	S^5C	SGCNR	AE+*k*-means	DEC	CC	LGCC
类别 1	79.26	49.32	47.62	OOM	46.21	48.13	46.72	81.29	81.85	75.06	**82.46**
类别 2	14.36	28.31	30.17	OOM	57.38	25.16	36.28	09.73	**77.83**	69.38	67.52
类别 3	76.38	00.00	00.00	OOM	08.72	00.00	68.51	98.42	43.90	99.00	**99.83**
类别 4	70.24	38.34	39.21	OOM	59.48	44.20	69.73	74.36	00.00	66.24	**82.15**
类别 5	00.00	69.32	62.73	OOM	11.72	00.00	07.26	82.85	**98.15**	71.98	68.13
类别 6	00.00	01.85	03.72	OOM	25.60	12.66	12.45	**76.00**	00.00	00.00	72.24
类别 7	24.16	07.89	05.64	OOM	11.39	05.10	36.77	**80.28**	00.00	60.88	78.13
类别 8	00.00	09.49	06.29	OOM	00.00	19.32	10.25	22.91	20.98	**37.78**	34.62
类别 9	26.71	10.70	13.24	OOM	21.38	12.24	36.29	00.00	**47.44**	30.11	29.10

续表

项目	*k*-means	FCM	FCM-S1	SC	FSECSGL	S^5C	SGCNR	AE+*k*-means	DEC	CC	LGCC
类别10	29.35	23.47	21.79	OOM	29.52	31.25	28.11	27.71	**65.44**	33.25	46.22
类别11	26.13	**54.17**	43.86	OOM	48.91	27.18	38.76	27.77	00.89	28.74	41.73
类别12	71.32	80.21	82.11	OOM	71.32	**85.30**	69.79	78.75	59.29	40.39	83.51
类别13	00.00	00.00	00.0	OOM	00.00	00.00	00.00	00.00	**64.82**	60.77	29.45
类别14	**1.0000**	00.00	00.00	OOM	00.00	00.00	81.43	99.07	**1.0000**	00.00	57.49
类别15	38.18	00.00	04.27	OOM	00.00	00.00	45.37	57.27	62.58	99.24	**99.85**
OA	39.76	30.70	31.82	OOM	36.48	31.67	44.62	51.80	47.04	53.48	**62.75**
κ	36.41	24.56	25.73	OOM	34.16	32.21	43.15	47.83	42.78	50.08	**60.42**
NMI	52.17	36.23	37.16	OOM	43.24	40.78	55.21	58.71	56.60	59.49	**68.71**
ARI	26.38	14.88	15.34	OOM	22.97	17.26	30.29	36.13	33.30	39.77	**50.76**

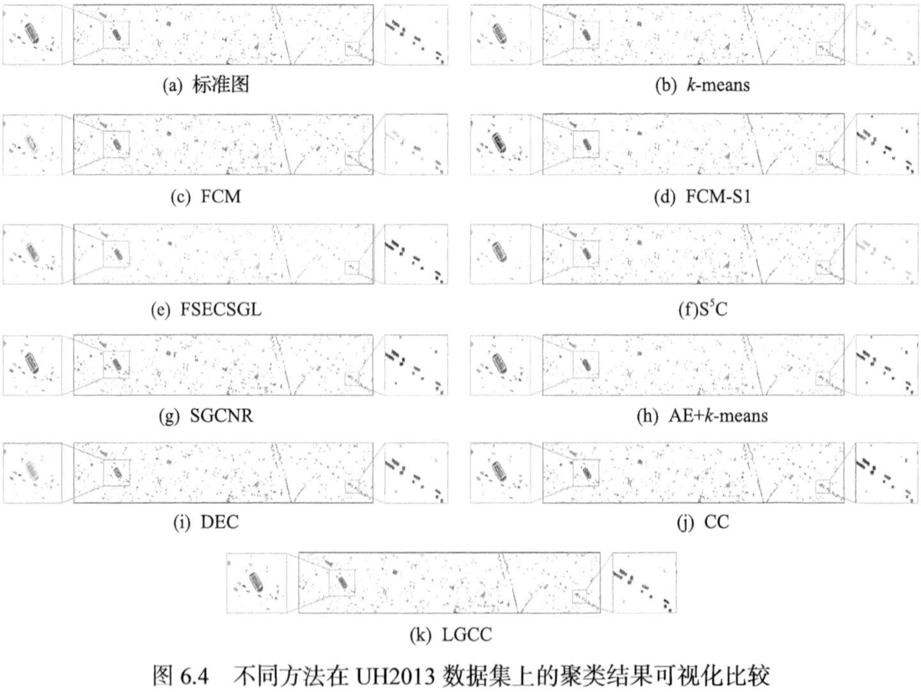

(a) 标准图　　(b) *k*-means

(c) FCM　　(d) FCM-S1

(e) FSECSGL　　(f) S^5C

(g) SGCNR　　(h) AE+*k*-means

(i) DEC　　(j) CC

(k) LGCC

图 6.4　不同方法在 UH2013 数据集上的聚类结果可视化比较

从表 6.4 中的聚类结果可以很容易地总结出以下结果。第一，LGCC 方法和 CC 模型取得了最优和次优的定量结果，这进一步验证了它们的优势。与 CC 相比，LGCC 方法的 OA、κ、NMI 和 ARI 值分别提高 9.27、10.34、9.22 和 10.99 个百分点。第二，在传统聚类方法中，*k*-means 的聚类性能最优，OA 为 39.76%，验证了 *k*-means 对不同数据集聚类的适应性。第三，与 Salinas 数据集中的结果不同，深度聚类方法的结果优于浅层聚类方法。例如，通过AE+*k*-means 和 CC 取得的 OA 值分别为 51.80%和 53.48%，这将浅层方法（SC、FCM、FCM-S1、SGCNR 和 S^5C）中的最优性能提高 7.18 和 8.62 个百分点。此外，与 *k*-means 相比，AE+*k*-means 的聚类精度获得相当大的提高。其主要原因是，深层方法可以学习高层语义特征来度量原始数据之间的相互关系。因此，它们在复杂数据集上具有更好的聚类性能。第四，LGCC 方法的 κ 、NMI 和 ARI 结果分别为 60.42%、68.71%和 50.76%，与次优值相比分别提高 10.34、9.22 和 10.99 个百分点。此外，LGCC 方法各类 PA 值更高。通过对各方法获得的聚类图进行对比可知，LGCC 方法生成了更平滑的聚类图，并且包含更少的误分类。

6.4.3　*t*-分布随机邻居嵌入数据分布可视化

在实验中，使用 *t*-分布随机邻居嵌入（*t*-distributed stochastic neighbor embedding, *t*-SNE）[184]来验证 LGCC 方法提取的特征是否能有效地对节点进行聚类。图 6.5 展示了网络迭代次数为 0、50 和 100 时三个数据集上 LGCC 方法聚类节点二维可视化，不同的颜色表示不同的土地覆盖地物。从可视化结果可以观察到，随着训练迭代次数的增加，LGCC 方法可以很好地区分不同类型的节点。具体来说，初始模型不能很好地区分不同的节点，聚类精度较低。这主

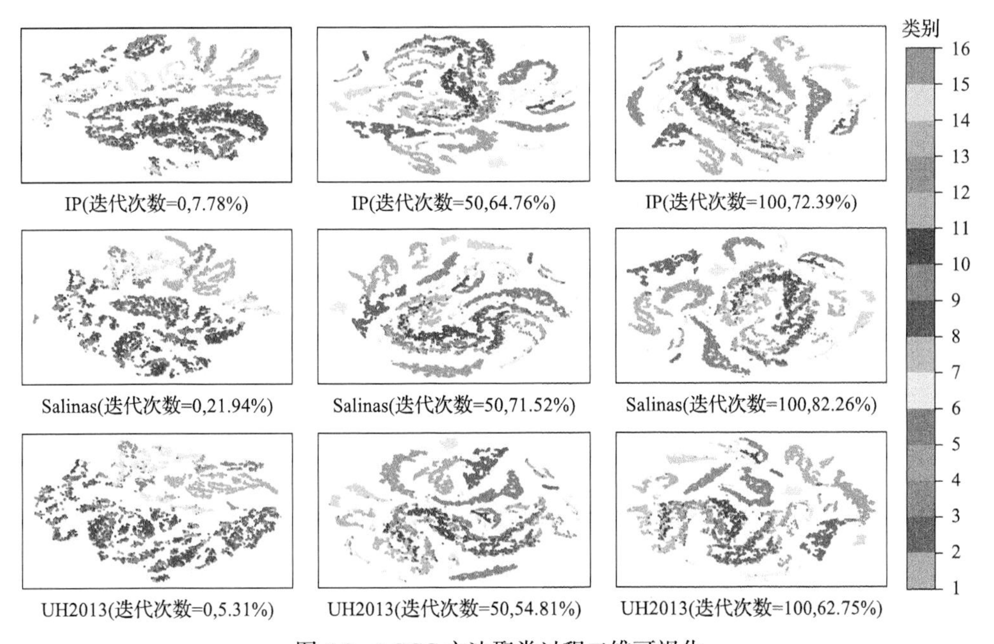

图 6.5　LGCC 方法聚类过程二维可视化

要是数据特征提取不完整造成的。随着网络训练，该模型训练良好，网络对数据集聚类效果良好，聚类精度较高。此外，LGCC 方法学习到的特征既类内紧凑又类间离散。这主要得益于采用的低通 GCN 特征提取方法。

6.4.4　LGCC 方法超参数影响分析

本节评估超像素数 S 、低通图卷积层 L 、迭代次数 T 和学习率 η 对 LGCC 方法性能的影响。实验将参数分为两组，并使用网格搜索策略来寻找最佳设置，采用聚类精度 OA 记录 LGCC 方法在不同参数设置下的聚类结果。此外，实验装置与 6.4.1 节中的配置相同。LGCC 方法在三个数据集的参数敏感结果如图 6.6 和图 6.7 所示。

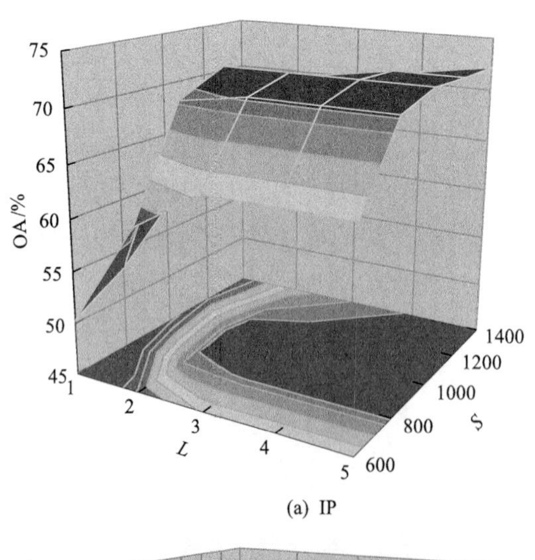

(a) IP

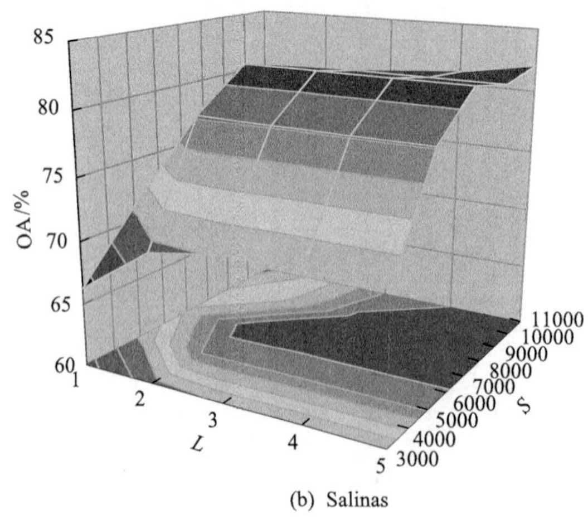

(b) Salinas

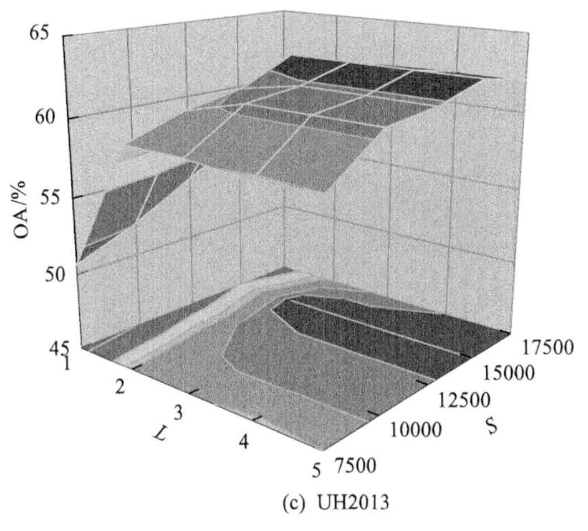

(c) UH2013

图 6.6　LGCC 方法对 S 和 L 的敏感度分析

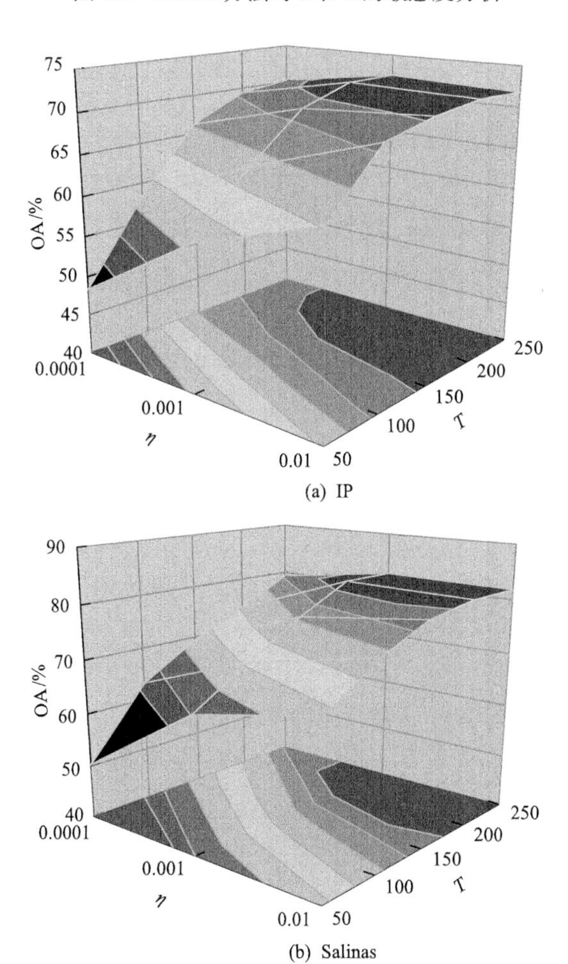

(b) Salinas

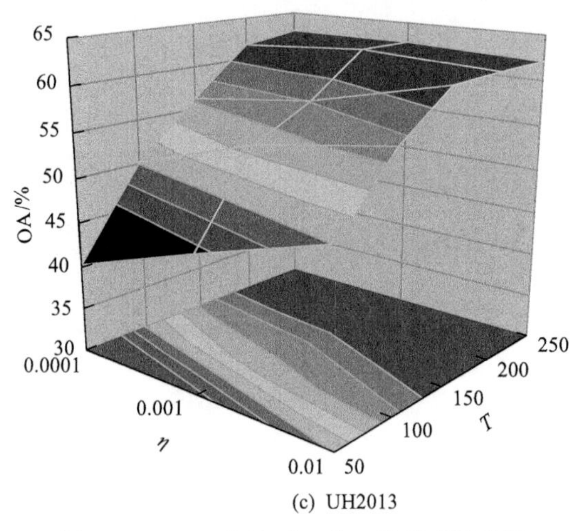

(c) UH2013

图 6.7 LGCC 方法对 T 和 η 的敏感度分析

1. S 和 L 敏感度

在实验中，IP 数据集上的 S 以 250 为间隔从 600～1400 变化；Salinas 数据集上的 S 以 2000 为间隔从 3000～11000 变化；UH2013 数据集的 S 以 2500 为间隔从 7500～17500 变化。此外，L 设置为 1、2、3、4 和 5。从三维结果图可以看出，各数据集 OA 随着 S 的增加而改善。然而，在达到一定阈值后，聚类精度并不会再随着 S 的增加而提高。由于较大的 S 可以分割出较小的超像素，因此超像素可以保留高光谱影像的更多局部空间特征。然而，S 越大，图节点越多，这不但会增加计算复杂度，而且对方法的特征提取能力提出更高的要求。考虑聚类精度和计算效率，LGCC 方法在三个数据集上分别设置为 1000、7000 和 15000。就 L 而言，较小的 L 不能有效地提取图的潜在/深层特征，但是较大的 L 将带来更多需要训练的权重参数。这会降低方法的运算效率。从三维结果分析可知，当 L=2 时，三个数据集的聚类精度达到最好。

2. T 和 η 敏感度

在实验中，超像素数 S 、低通图卷积层 L 、初始聚类中心数 $\boldsymbol{m}$ 和分布阈值 δ 固定为表 6.1。三个数据集上的 T 设置为 50～250，间隔为 50，η 设置为 0.0001、0.001 和 0.01。如图 6.7 所示，当 η 较大时，LGCC 方法可以更快地训练。然而，较大的 η 使模型训练时通常无法达到最优解，最终导致聚类结果不稳定。考虑聚类精度和训练效率，本章将 η 设置为 0.001。在 LGCC 方法中，T 与 η 密切相关，因此当 η=0.001 时，LGCC 方法在三个数据集上聚类时 T =200。

6.4.5 消融实验

像素到区域变换模块和低通 GCN 在 LGCC 方法中起着重要作用，可以有效提高高光谱影像聚类效果。为了评估这两种机制在模型中的作用，本实验在三个数据集上进行消融研究，其中实验设置与 6.4.1 节相同。在实验中，使用聚类准确度 OA 记录各方法聚类性能，结果如表 6.5 所示。总体而言，LGCC 方法表现最好，聚类精度最高。具体而言，LGCC-V_2 方法和 LGCC 方法的聚类分别优于 LGCC-V_1 方法和 LGCC-V_3 方法，这表明像素到区域转换模块的设计有助于提高聚类精度。与 LGCC-V_1 方法相比，LGCC-V_3 方法的结果更好，这验证了低通 GCN 在 LGCC 方法中起着重要作用。因此，该方法中像素到区域转换模块和低通 GCN 的设计有助于提高高光谱影像的聚类精度。

表 6.5　LGCC 方法在三个数据集上的消融实验结果　　（单位：%）

项目		LGCC-V_1 方法	LGCC-V_2 方法	LGCC-V_3 方法	LGCC 方法
模块	像素到区域变换	—	√	—	√
	GCN	√	√	—	—
	低通 GCN	—	—	√	√
数据集	IP	59.76	69.29	64.15	72.39
	Salinas	66.38	77.41	71.36	82.26
	UH2013	54.19	57.65	59.27	62.75

6.4.6 计算复杂度分析

LGCC 方法的计算复杂度主要由两部分组成，即低通图卷积嵌入编码器和图解码器。用 S 表示图的节点数，D 表示节点的光谱维数，α 表示邻接矩阵 $\boldsymbol{A}$ 的非零项数，H_1 和 H_2 表示两个隐含卷积层的维数，m 表示初始质心数量。图编码器的计算复杂度为 $\mathcal{O}\left[(S+\alpha)\left(DH_1+H_1H_2\right)\right]$。类似地，图解码器的计算复杂度可表示为 $\mathcal{O}\left[(S+\alpha)H_2^2\right]$。式 (6.22) 的计算复杂度可表示为 $\mathcal{O}[Sm+S\log S]$。LGCC 方法在每次迭代对图进行聚类的计算复杂度为 $\mathcal{O}\left[(S+\alpha)\left(DH_1+H_1H_2+H_2^2\right)+Sm+S\log S\right]$。如果模型迭代 T 次，LGCC 方法的总体计算复杂度表示为 $\mathcal{O}\left[\left[(S+\alpha)\left(DH_1+H_1H_2+H_2^2\right)+Sm+S\log S\right]T\right]$。从计算复杂度的表达式可以看出，LGCC 方法采用的空间变换策略可以大大降低方法计算复杂度。

6.5 本章小结

本章提出一种用于高光谱遥感影像聚类的端到端的 LGCC 方法。在 LGCC 方法框架中，设计了一个区域变换模块，以保持高光谱影像的局部空间光谱特征，并减少图节点的数量，降低计算量。此外，提出一种低通图神经网络嵌入自动编码器来提取图的深层隐藏表示，并利用图的重构损失进行图重构。利用图的隐藏表示，图嵌入生成的软标签可以对网络进行自训练聚类。LGCC 方法由低通图卷积自动编码器模块和自训练聚类模块两部分共同构成，两个模块相互作用，共同提高。方法在 IP、Salinas 和 UH2013 数据集上的聚类精度分别达到 72.39%、82.26%和 62.75%。大量的实验结果表明模型设计的成功和 LGCC 方法的优越性。

目前，无监督方法和有监督方法在分类精度方面仍然存在差距，尤其是对于大规模高光谱影像数据集。然而，LGCC 方法的成功为大规模高光谱影像无监督聚类方法的设计提供了参考。在未来的工作中，将探索更多形式的高光谱影像聚类无监督模型，如强化学习和对比学习等。

参考文献

[1] 梅安新, 彭望禄, 秦其明, 等. 遥感导论[M]. 北京: 高等教育出版社, 2001.

[2] 童庆禧, 张兵, 郑兰芬. 高光谱遥感[M]. 北京: 高等教育出版社, 2006.

[3] 李冬青. 基于空-谱联合图嵌入的高光谱数据降维[D]. 徐州: 中国矿业大学, 2019.

[4] 周忠磊. 高光谱遥感图像的降维与分类研究[D]. 济南: 山东师范大学, 2019.

[5] Shi C, Fang L, Lv Z, et al. Explainable scale distillation for hyperspectral image classification[J]. Pattern Recognition, 2022, 122: 108316.

[6] Peyghambari S, Zhang Y. Hyperspectral remote sensing in lithological mapping, mineral exploration, and environmental geology: An updated review[J]. Journal of Applied Remote Sensing, 2021, 15(3): 31501.

[7] Li X, Li Z, Qiu H, et al. An overview of hyperspectral image feature extraction, classification methods and the methods based on small samples[J]. Applied Spectroscopy Reviews, 2021, 8: 1-34.

[8] Gu Y, Liu T, Gao G, et al. Multimodal hyperspectral remote sensing: An overview and perspective[J]. Science China Information Sciences, 2021, 64(2): 1-24.

[9] Rasti B, Hong D, Hang R, et al. Feature extraction for hyperspectral imagery: The evolution from shallow to deep[J]. IEEE Geoscience and Remote Sensing Magazine, 2020, 8(4): 60-88.

[10] Sellami A, Tabbone S. Deep neural networks-based relevant latent representation learning for hyperspectral image classification[J]. Pattern Recognition, 2022, 121: 108224.

[11] Wang X, Ma J, Jiang J, et al. Dilated projection correction network based on autoencoder for hyperspectral image super-resolution[J]. Neural Networks, 2022, 146: 107-119.

[12] Zhang B, Wu Y, Zhao B, et al. Progress and challenges in intelligent remote sensing satellite systems[J]. IEEE Journal of Selected Topics in Applied Earth Observations and Remote Sensing, 2022, 60: 1-15.

[13] Zhong Y, Zhang L, Gong W. Unsupervised remote sensing image classification using an artificial immune network[J]. International Journal of Remote Sensing, 2011, 32(19): 5461-5483.

[14] Hong D, Han Z, Yao J, et al. SpectralFormer: Rethinking hyperspectral image classification with transformers[J]. IEEE Transactions on Geoscience and Remote Sensing, 2021, 60: 1-15.

[15] Paoletti M E, Haut J M, Pereira N S, et al. Ghostnet for hyperspectral image classification[J]. IEEE Transactions on Geoscience and Remote Sensing, 2021, 59(12): 10378-10393.

[16] Wambugu N, Chen Y, Xiao Z, et al. Hyperspectral image classification on insufficient-sample and feature learning using deep neural networks: A review[J]. International Journal of Applied

Earth Observation and Geoinformation, 2021, 105: 102603.

[17] Yang B, Cao F, Ye H. A novel method for hyperspectral image classification: Deep network with adaptive graph structure integration[J]. IEEE Transactions on Geoscience and Remote Sensing, 2022, 60: 1-12.

[18] Dua Y, Kumar V, Singh R S. Comprehensive review of hyperspectral image compression algorithms[J]. Optical Engineering, 2020, 59(9): 90902.

[19] Ozdemir A, Polat K. Deep learning applications for hyperspectral imaging: A systematic review[J]. Journal of the Institute of Electronics and Computer, 2020, 2(1): 39-56.

[20] Liu N, Li W, Tao R, et al. Multi-graph-based low-rank tensor approximation for hyperspectral image restoration[J]. IEEE Transactions on Geoscience and Remote Sensing, 2022, 60: 1-14.

[21] Zhang M, Li W, Du Q. Diverse region-based CNN for hyperspectral image classification[J]. IEEE Transactions on Image Processing, 2018, 27(6): 2623-2634.

[22] Li S, Song W, Fang L, et al. Deep learning for hyperspectral image classification: An overview[J]. IEEE Transactions on Geoscience and Remote Sensing, 2019, 57(9): 6690-6709.

[23] Sun L, Zhao G, Zheng Y, et al. Spectral-spatial feature tokenization transformer for hyperspectral image classification[J]. IEEE Transactions on Geoscience and Remote Sensing, 2022, 60: 1-14.

[24] Della P C J, Bekit A A, Lampe B H, et al. Hyperspectral image classification via compressive sensing[J]. IEEE Transactions on Geoscience and Remote Sensing, 2019, 57(10): 8290-8303.

[25] 刘翠连, 陶于祥, 罗小波, 等. 混合卷积神经网络的高光谱图像分类方法[J]. 激光技术, 2022, 46(3): 355.

[26] 张健, 保文星. 生成式对抗网络的高光谱遥感图像分类方法研究[J]. 遥感学报, 2022, 3: 15.

[27] Cai Y, Liu X, Cai Z. BS-Nets: An end-to-end framework for band selection of hyperspectral image[J]. IEEE Transactions on Geoscience and Remote Sensing, 2019, 58(3): 1969-1984.

[28] Cai Y, Zeng M, Cai Z, et al. Graph regularized residual subspace clustering network for hyperspectral image clustering[J]. Information Sciences, 2021, 578: 85-101.

[29] Hong D, Yokoya N, Xia G S, et al. X-ModalNet: A semi-supervised deep cross-modal network for classification of remote sensing data[J]. ISPRS Journal of Photogrammetry and Remote Sensing, 2020, 167: 12-23.

[30] Ding Y, Zhao X, Zhang Z, et al. Multiscale graph sample and aggregate network with context-aware learning for hyperspectral image classification[J]. IEEE Journal of Selected Topics in Applied Earth Observations and Remote Sensing, 2021, 14: 4561-4572.

[31] Ning X, Wang Y, Tian W, et al. A biomimetic covering learning method based on principle of homology continuity[J]. ASP Transactions on Pattern Recognition and Intelligent Systems, 2021, 1(1): 9-16.

[32] Roy S K, Krishna G, Dubey S R, et al. HybridSN: Exploring 3-D–2-D CNN feature hierarchy for hyperspectral image classification[J]. IEEE Geoscience and Remote Sensing Letters, 2019, 17(2): 277-281.

[33] Wan S, Gong C, Zhong P, et al. Multiscale dynamic graph convolutional network for hyperspectral image classification[J]. IEEE Transactions on Geoscience and Remote Sensing, 2019, 58(5): 3162-3177.

[34] Wan S, Gong C, Zhong P, et al. Hyperspectral image classification with context-aware dynamic graph convolutional network[J]. IEEE Transactions on Geoscience and Remote Sensing, 2020, 59(1): 597-612.

[35] Chen C, Li W, Su H, et al. Spectral-spatial classification of hyperspectral image based on kernel extreme learning machine[J]. Remote Sensing, 2014, 6(6): 5795-5814.

[36] Li J, Bioucas-Dias J M, Plaza A. Semisupervised hyperspectral image segmentation using multinomial logistic regression with active learning[J]. IEEE Transactions on Geoscience and Remote Sensing, 2010, 48(11): 4085-4098.

[37] Bo C, Lu H, Wang D. Hyperspectral image classification via JCR and SVM models with decision fusion[J]. IEEE Geoscience and Remote Sensing Letters, 2015, 13(2): 177-181.

[38] Hong D, Yokoya N, Chanussot J, et al. Joint and progressive subspace analysis (JPSA) with spatial-spectral manifold alignment for semisupervised hyperspectral dimensionality reduction[J]. IEEE Transactions on Cybernetics, 2020, 51(7): 3602-3615.

[39] Fauvel M, Benediktsson J A, Chanussot J, et al. Spectral and spatial classification of hyperspectral data using SVMs and morphological profiles[J]. IEEE Transactions on Geoscience and Remote Sensing, 2008, 46(11): 3804-3814.

[40] Fang L, He N, Li S, et al. Extinction profiles fusion for hyperspectral images classification[J]. IEEE Transactions on Geoscience and Remote Sensing, 2017, 56(3): 1803-1815.

[41] Jia S, Shen L, Li Q. Gabor feature-based collaborative representation for hyperspectral imagery classification[J]. IEEE Transactions on Geoscience and Remote Sensing, 2014, 53(2): 1118-1129.

[42] Tang Z, Ling M, Yao H, et al. Robust image hashing via random Gabor filtering and DWT[J]. Computer, Materials & Continua, 2018, 55(2): 331-344.

[43] Quesada B P, Argüello F, Heras D B. Spectral-spatial classification of hyperspectral images using wavelets and extended morphological profiles[J]. IEEE Journal of Selected Topics in Applied Earth Observations and Remote Sensing, 2014, 7(4): 1177-1185.

[44] Benediktsson J A, Palmason J A, Sveinsson J R. Classification of hyperspectral data from urban areas based on extended morphological profiles[J]. IEEE Transactions on Geoscience and Remote Sensing, 2005, 43(3): 480-491.

[45] Kang X, Li S, Benediktsson J A. Spectral-spatial hyperspectral image classification with edge-preserving filtering[J]. IEEE Transactions on Geoscience and Remote Sensing, 2013, 52(5): 2666-2677.

[46] Feng J, Yu H, Wang L, et al. Classification of hyperspectral images based on multiclass spatial-spectral generative adversarial networks[J]. IEEE Transactions on Geoscience and Remote Sensing, 2019, 57(8): 5329-5343.

[47] Zhu X X, Tuia D, Mou L, et al. Deep learning in remote sensing: A comprehensive review and list of resources[J]. IEEE Geoscience and Remote Sensing Magazine, 2017, 5(4): 8-36.

[48] Zhu K, Chen Y, Ghamisi P, et al. Deep convolutional capsule network for hyperspectral image spectral and spectral-spatial classification[J]. Remote Sensing, 2019, 11(3): 223.

[49] Chen Y, Lin Z, Zhao X, et al. Deep learning based classification of hyperspectral data[J]. IEEE Journal of Selected Topics in Applied Earth Observations and Remote Sensing, 2014, 7(6): 2094-2107.

[50] Zhou P, Han J, Cheng G, et al. Learning compact and discriminative stacked autoencoder for hyperspectral image classification[J]. IEEE Transactions on Geoscience and Remote Sensing, 2019, 57(7): 4823-4833.

[51] Slavkovikj V, Verstockt S, de Neve W, et al. Hyperspectral image classification with convolutional neural networks[C]// Proceedings of the 23rd ACM International Conference on Multimedia, 2015: 1159-1162.

[52] Yu S, Jia S, Xu C. Convolutional neural networks for hyperspectral image classification[J]. Neurocomputing, 2017, 219: 88-98.

[53] Zhu L, Chen Y, Ghamisi P, et al. Generative adversarial networks for hyperspectral image classification[J]. IEEE Transactions on Geoscience and Remote Sensing, 2018, 56(9): 5046-5063.

[54] Lee H, Kwon H. Going deeper with contextual CNN for hyperspectral image classification[J]. IEEE Transactions on Image Processing, 2017, 26(10): 4843-4855.

[55] Yang X, Ye Y, Li X, et al. Hyperspectral image classification with deep learning models[J]. IEEE Transactions on Geoscience and Remote Sensing, 2018, 56(9): 5408-5423.

[56] Zhang H, Li Y, Zhang Y, et al. Spectral-spatial classification of hyperspectral imagery using a dual-channel convolutional neural network[J]. Remote Sensing Letters, 2017, 8(5): 438-447.

[57] Aptoula E, Ozdemir M C, Yanikoglu B. Deep learning with attribute profiles for hyperspectral image classification[J]. IEEE Geoscience and Remote Sensing Letters, 2016, 13(12): 1970-1974.

[58] Zhao W, Li S, Li A, et al. Hyperspectral images classification with convolutional neural network and textural feature using limited training samples[J]. Remote Sensing Letters, 2019, 10(5):

449-458.

[59] Yu C, Zhao M, Song M, et al. Hyperspectral image classification method based on CNN architecture embedding with hashing semantic feature[J]. IEEE Journal of Selected Topics in Applied Earth Observations and Remote Sensing, 2019, 12(6): 1866-1881.

[60] Qing C, Ruan J, Xu X, et al. Spatial-spectral classification of hyperspectral images: A deep learning framework with Markov random fields based modelling[J]. IET Image Processing, 2019, 13(2): 235-245.

[61] Zhong Z, Li J, Luo Z, et al. Spectral-spatial residual network for hyperspectral image classification: A 3-D deep learning framework[J]. IEEE Transactions on Geoscience and Remote Sensing, 2017, 56(2): 847-858.

[62] Liu B, Yu X, Zhang P, et al. Spectral-spatial classification of hyperspectral image using three-dimensional convolution network[J]. Journal of Applied Remote Sensing, 2018, 12(1): 16005.

[63] Fang B, Li Y, Zhang H, et al. Collaborative learning of lightweight convolutional neural network and deep clustering for hyperspectral image semi-supervised classification with limited training samples[J]. ISPRS Journal of Photogrammetry and Remote Sensing, 2020, 161: 164-178.

[64] Mou L, Ghamisi P, Zhu X X. Unsupervised spectral-spatial feature learning via deep residual conv-deconv network for hyperspectral image classification[J]. IEEE Transactions on Geoscience and Remote Sensing, 2017, 56(1): 391-406.

[65] He K, Zhang X, Ren S, et al. Deep residual learning for image recognition[C]// Proceedings of the IEEE Conference on Computer Vision and Pattern Recognition, 2016: 770-778.

[66] Paoletti M E, Haut J M, Fernandez B R, et al. Deep pyramidal residual networks for spectral-spatial hyperspectral image classification[J]. IEEE Transactions on Geoscience and Remote Sensing, 2018, 57(2): 740-754.

[67] Ma X, Fu A, Wang J, et al. Hyperspectral image classification based on deep deconvolution network with skip architecture[J]. IEEE Transactions on Geoscience and Remote Sensing, 2018, 56(8): 4781-4791.

[68] Paoletti M E, Haut J M, Plaza J, et al. Deep&dense convolutional neural network for hyperspectral image classification[J]. Remote Sensing, 2018, 10(9): 1454.

[69] Wang W, Dou S, Jiang Z, et al. A fast dense spectral-spatial convolution network framework for hyperspectral images classification[J]. Remote Sensing, 2018, 10(7): 1068.

[70] Haut J M, Paoletti M E, Plaza J, et al. Visual attention-driven hyperspectral image classification[J]. IEEE Transactions on Geoscience and Remote Sensing, 2019, 57(10): 8065-8080.

[71] Xiong Z, Yuan Y, Wang Q. AI-NET: Attention inception neural networks for hyperspectral image classification[C]// Proceedings of the IGARSS 2018-2018 IEEE International Geoscience

and Remote Sensing Symposium, 2018: 2647-2650.
[72] Feng Q, Zhu D, Yang J, et al. Multisource hyperspectral and LiDAR data fusion for urban land-use mapping based on a modified two-branch convolutional neural network[J]. ISPRS International Journal of Geo-Information, 2019, 8(1): 28.
[73] Xu X, Li W, Ran Q, et al. Multisource remote sensing data classification based on convolutional neural network[J]. IEEE Transactions on Geoscience and Remote Sensing, 2017, 56(2): 937-949.
[74] Li H, Ghamisi P, Soergel U, et al. Hyperspectral and LiDAR fusion using deep three-stream convolutional neural networks[J]. Remote Sensing, 2018, 10(10): 1649-1666.
[75] Li W, Chen C, Zhang M, et al. Data augmentation for hyperspectral image classification with deep CNN[J]. IEEE Geoscience and Remote Sensing Letters, 2018, 16(4): 593-597.
[76] Wei W, Zhang J, Zhang L, et al. Deep cube-pair network for hyperspectral imagery classification[J]. Remote Sensing, 2018, 10(5): 783.
[77] Xi B, Li J, Li Y, et al. Semisupervised cross-scale graph prototypical network for hyperspectral image classification[J]. IEEE Transactions on Neural Networks and Learning Systems, 2022, 60: 1-13.
[78] Zhan Y, Hu D, Wang Y, et al. Semisupervised hyperspectral image classification based on generative adversarial networks[J]. IEEE Geoscience and Remote Sensing Letters, 2017, 15(2): 212-216.
[79] He Z, Liu H, Wang Y, et al. Generative adversarial networks-based semi-supervised learning for hyperspectral image classification[J]. Remote Sensing, 2017, 9(10): 1042-1057.
[80] Zhong Z, Li J, Clausi D A, et al. Generative adversarial networks and conditional random fields for hyperspectral image classification[J]. IEEE Transactions on Cybernetics, 2019, 50(7): 3318-3329.
[81] Wang J, Gao F, Dong J, et al. Adaptive dropblock-enhanced generative adversarial networks for hyperspectral image classification[J]. IEEE Transactions on Geoscience and Remote Sensing, 2020, 59(6): 5040-5053.
[82] Sui B, Jiang T, Zhang Z, et al. ECGAN: An improved conditional generative adversarial network with edge detection to augment limited training data for the classification of remote sensing images with high spatial resolution[J]. IEEE Journal of Selected Topics in Applied Earth Observations and Remote Sensing, 2020, 14: 1311-1325.
[83] Carion N, Massa F, Synnaeve G, et al. End-to-end object detection with transformers[C]// Proceedings of the European Conference on Computer Vision, 2020: 213-229.
[84] Yu H Y, Xu Z, Zheng K, et al. MSTNet: A multilevel spectral-spatial transformer network for hyperspectral image classification[J]. IEEE Transactions on Geoscience and Remote Sensing,

2022, 60: 1-13.

[85] Luo F, Zhang L, Du B, et al. Dimensionality reduction with enhanced hybrid-graph discriminant learning for hyperspectral image classification[J]. IEEE Transactions on Geoscience and Remote Sensing, 2020, 58(8): 5336-5353.

[86] Yang P, Tong L, Qian B, et al. Hyperspectral image classification with spectral and spatial graph using inductive representation learning network[J]. IEEE Journal of Selected Topics in Applied Earth Observations and Remote Sensing, 2020, 14: 791-800.

[87] Mou L, Lu X, Li X, et al. Nonlocal graph convolutional networks for hyperspectral image classification[J]. IEEE Transactions on Geoscience and Remote Sensing, 2020, 58(12): 8246-8257.

[88] Shi G, Huang H, Li Z, et al. Multi-manifold locality graph preserving analysis for hyperspectral image classification[J]. Neurocomputing, 2020, 388: 45-59.

[89] Sellars P, Aviles R A I, Schönlieb C B. Superpixel contracted graph-based learning for hyperspectral image classification[J]. IEEE Transactions on Geoscience and Remote Sensing, 2020, 58(6): 4180-4193.

[90] Sharma M, Biswas M. Classification of hyperspectral remote sensing image via rotation-invariant local binary pattern-based weighted generalized closest neighbor[J]. The Journal of Supercomputing, 2021, 77(6): 5528-5561.

[91] Wan S, Gong C, Pan S, et al. Multi-level graph convolutional network with automatic graph learning for hyperspectral image classification[J]. http: //arXiv preprint arXiv:200909196[2020-12-1].

[92] Jia S, Deng X, Xu M, et al. Superpixel-level weighted label propagation for hyperspectral image classification[J]. IEEE Transactions on Geoscience and Remote Sensing, 2020, 58(7): 5077-5091.

[93] Liu Q, Xiao L, Yang J, et al. CNN-enhanced graph convolutional network with pixel-and superpixel-level feature fusion for hyperspectral image classification[J]. IEEE Transactions on Geoscience and Remote Sensing, 2020, 59(10): 8657-8671.

[94] Liu B, Gao K, Yu A, et al. Semisupervised graph convolutional network for hyperspectral image classification[J]. Journal of Applied Remote Sensing, 2020, 14(2): 26516.

[95] Lin M, Jing W, Di D, et al. Context-aware attentional graph U-Net for hyperspectral image classification[J]. IEEE Geoscience and Remote Sensing Letters, 2021, 19: 1-5.

[96] Qin A, Shang Z, Tian J, et al. Spectral-spatial graph convolutional networks for semisupervised hyperspectral image classification[J]. IEEE Geoscience and Remote Sensing Letters, 2018, 16(2): 241-245.

[97] Hong D, Gao L, Yao J, et al. Graph convolutional networks for hyperspectral image

classification[J]. IEEE Transactions on Geoscience and Remote Sensing, 2020, 59(7): 5966-5978.

[98] Sha A, Wang B, Wu X, et al. Semisupervised classification for hyperspectral images using graph attention networks[J]. IEEE Geoscience and Remote Sensing Letters, 2020, 18(1): 157-161.

[99] Cai Y, Zhang Z, Ghamisi P, et al. Superpixel contracted neighborhood contrastive subspace clustering network for hyperspectral images[J]. IEEE Transactions on Geoscience and Remote Sensing, 2022, 60: 1-13.

[100] Zhang Y, Cao G, Wang B, et al. Dual sparse representation graph-based copropagation for semisupervised hyperspectral image classification[J]. IEEE Transactions on Geoscience and Remote Sensing, 2021, 60: 1-17.

[101] Ding Y, Zhang Z, Zhao X, et al. Multi-feature fusion: Graph neural network and CNN combining for hyperspectral image classification[J]. Neurocomputing, 2022, 501: 246-257.

[102] Ding Y, Zhang Z, Zhao X, et al. AF2GNN: Graph convolution with adaptive filters and aggregator fusion for hyperspectral image classification[J]. Information Sciences, 2022, 602: 201-219.

[103] Dong Y, Liu Q, Du B, et al. Weighted feature fusion of convolutional neural network and graph attention network for hyperspectral image classification[J]. IEEE Transactions on Image Processing, 2022, 31: 1559-1572.

[104] Zhang Y, Li W, Zhang M, et al. Graph information aggregation cross-domain few-shot learning for hyperspectral image classification[J]. IEEE Transactions on Neural Networks and Learning Systems, 2022, 60: 1-14.

[105] Zhang H, Zou J, Zhang L. EMS-GCN: An end-to-end mixhop superpixel-based graph convolutional network for hyperspectral image classification[J]. IEEE Transactions on Geoscience and Remote Sensing, 2022, 60: 1-16.

[106] Ding Y, Zhang Z L, Zhao X F, et al. Deep hybrid: Multi-graph neural network collaboration for hyperspectral image classification[J]. Defence Technology, 2022, 23: 1-13.

[107] Zuo X, Yu X, Liu B, et al. FSL-EGNN: Edge-labeling graph neural network for hyperspectral image few-shot classification[J]. IEEE Transactions on Geoscience and Remote Sensing, 2022, 60: 1-18.

[108] Sperduti A, Starita A. Supervised neural networks for the classification of structures[J]. IEEE Transactions on Neural Networks, 1997, 8(3): 714-735.

[109] Gori M, Monfardini G, Scarselli F. A new model for learning in graph domains[C]// Proceedings of the 2005 IEEE International Joint Conference on Neural Networks, 2005: 729-734.

[110] Scarselli F, Gori M, Tsoi A C, et al. The graph neural network model[J]. IEEE Transactions on

Neural Networks, 2008, 20(1): 61-80.

[111] Gallicchio C, Micheli A. Graph echo state networks[C]// Proceedings of the 2010 International Joint Conference on Neural Networks, 2010: 1-8.

[112] Li Y, Tarlow D, Brockschmidt M, et al. Gated graph sequence neural networks[J]. http://arXiv preprint arXiv:151105493[2015-10-6].

[113] Dai H, Kozareva Z, Dai B, et al. Learning steady-states of iterative algorithms over graphs[C]// Proceedings of the International Conference on Machine Learning, 2018: 1106-1114.

[114] Bruna J, Zaremba W, Szlam A, et al. Spectral networks and locally connected networks on graphs[J]. http://arXiv preprint arXiv:13126203[2013-6-20].

[115] Henaff M, Bruna J, LeCun Y. Deep convolutional networks on graph-structured data[J]. http:// arXiv preprint arXiv:150605163[2015-8-10].

[116] Defferrard M, Bresson X, Vandergheynst P. Convolutional neural networks on graphs with fast localized spectral filtering[C]// Proceedings of the Advances in Neural Information Processing Systems, 2016: 29.

[117] Kipf M W. Semi-supervised classification with graph convolutional networks[J]. http://arXiv preprint arXiv:160902907[2016-5-20].

[118] Levie R, Monti F, Bresson X, et al. Cayleynets: Graph convolutional neural networks with complex rational spectral filters[J]. IEEE Transactions on Signal Processing, 2018, 67(1): 97-109.

[119] Micheli A. Neural network for graphs: A contextual constructive approach[J]. IEEE Transactions on Neural Networks, 2009, 20(3): 498-4511.

[120] Atwood J, Towsley D. Diffusion-convolutional neural networks[C]// Proceedings of Advances in Neural Information Processing Systems, 2016: 1126-1235.

[121] Niepert M, Ahmed M, Kutzkov K. Learning convolutional neural networks for graphs[C]// Proceedings of the International Conference on Machine Learning, 2016: 2014-2023.

[122] Gilmer J, Schoenholz S S, Riley P F, et al. Neural message passing for quantum chemistry[C]// Proceedings of the International Conference on Machine Learning, 2017: 1263-1272.

[123] Zhang D, Yin J, Zhu X, et al. Network representation learning: A survey[J]. IEEE Transactions on Big Data, 2018, 6(1): 3-28.

[124] Cai H, Zheng V W, Chang K C C. A comprehensive survey of graph embedding: Problems, techniques, and applications[J]. IEEE Transactions on Knowledge and Data Engineering, 2018, 30(9): 1616-1637.

[125] Goyal P, Ferrara E. Graph embedding techniques, applications, and performance: A survey[J]. Knowledge-Based Systems, 2018, 151: 78-94.

[126] Pan S, Wu J, Zhu X, et al. Tri-party deep network representation[J]. Network, 2016, 11(9): 12.

[127] Shen X, Pan S, Liu W, et al. Discrete network embedding[C]// Proceedings of the 27th International Joint Conference on Artificial Intelligence, 2018: 3549-3555.

[128] Yang H, Pan S, Zhang P, et al. Binarized attributed network embedding[C]// Proceedings of the 2018 IEEE International Conference on Data Mining, 2018: 1476-1481.

[129] Perozzi B, Al-Rfou R, Skiena S. Deepwalk: Online learning of social representations[C]// Proceedings of the 20th ACM SIGKDD International Conference on Knowledge Discovery and Data Mining, 2014: 10.

[130] Vishwanathan S V N, Schraudolph N N, Kondor R, et al. Graph kernels[J]. Journal of Machine Learning Research, 2010, 11: 1201-1242.

[131] Shervashidze N, Schweitzer P, van Leeuwen E J, et al. Weisfeiler-Lehman graph kernels[J]. Journal of Machine Learning Research, 2011, 12(9): 36-49.

[132] Navarin N, Sperduti A. Approximated neighbours minHash graph node kernel[C]// Proceedings of the ESANN, 2017: 281-286.

[133] Kriege N M, Johansson F D, Morris C. A survey on graph kernels[J]. Applied Network Science, 2020, 5(1): 1-42.

[134] Shuman D I, Narang S K, Frossard P, et al. The emerging field of signal processing on graphs: Extending high-dimensional data analysis to networks and other irregular domains[J]. IEEE Signal Processing Magazine, 2013, 30(3): 83-98.

[135] Sandryhaila A, Moura J M. Discrete signal processing on graphs[J]. IEEE Transactions on Signal Processing, 2013, 61(7): 1644-1656.

[136] Chen S, Varma R, Sandryhaila A, et al. Discrete signal processing on graphs: Sampling theory[J]. IEEE Transactions on Signal Processing, 2015, 63(24): 6510-6523.

[137] Veličković P, Cucurull G, Casanova A, et al. Graph attention networks[J]. http://arXiv preprint arXiv:171010903[2017-6-10].

[138] Hamilton W, Ying Z, Leskovec J. Inductive representation learning on large graphs[C]// Proceedings of Advances in Neural Information Processing Systems, 2017: 30.

[139] Zhang J, Shi X, Xie J, et al. Gaan: Gated attention networks for learning on large and spatiotemporal graphs[J]. http://arXiv preprint arXiv:180307294[2018-9-19].

[140] Liu Z, Chen C, Li L, et al. GeniePath: Graph neural networks with adaptive receptive paths[C]// Proceedings of of the AAAI Conference on Artificial Intelligence, 2019: 4424- 4431.

[141] Camps-Valls G, Bruzzone L. Kernel-based methods for hyperspectral image classification[J]. IEEE Transactions on Geoscience and Remote Sensing, 2005, 43(6): 1351-1362.

[142] Kuo B C, Huang C S, Hung C C, et al. Spatial information based support vector machine for hyperspectral image classification[C]// Proceedings of the 2010 IEEE International Geoscience and Remote Sensing Symposium, 2010: 832-835.

[143] Ho T K. The random subspace method for constructing decision forests[J]. IEEE Transactions on Pattern Analysis and Machine Intelligence, 1998, 20(8): 832-844.

[144] Ma L, Crawford M M, Tian J. Local manifold learning-based *k*-nearest-neighbor for hyperspectral image classification[J]. IEEE Transactions on Geoscience and Remote Sensing, 2010, 48(11): 4099-4109.

[145] Lv Z, Dong X M, Peng J, et al. ESSINet: Efficient spatial-spectral interaction network for hyperspectral image classification[J]. IEEE Transactions on Geoscience and Remote Sensing, 2022, 60: 1-15.

[146] Hu H, He F, Zhang F, et al. Unifying label propagation and graph sparsification for hyperspectral image classification[J]. IEEE Geoscience and Remote Sensing Letters, 2022, 19: 1-5.

[147] Chen Y, Zhao X, Jia X. Spectral-spatial classification of hyperspectral data based on deep belief network[J]. IEEE Journal of Selected Topics in Applied Earth Observations and Remote Sensing, 2015, 8(6): 2381-2392.

[148] Duvenaud D K, Maclaurin D, Iparraguirre J, et al. Convolutional networks on graphs for learning molecular fingerprints[C]// Proceedings of the Advances in Neural Information Processing Systems, 2015: 28.

[149] Wang C, Pan S, Hu R, et al. Attributed graph clustering: A deep attentional embedding approach[J]. http://arXiv preprint arXiv:190606532[2019-6-15].

[150] Achanta R, Shaji A, Smith K, et al. SLIC superpixels compared to state-of-the-art superpixel methods[J]. IEEE Transactions on Pattern Analysis and Machine Intelligence, 2012, 34(11): 2274-2282.

[151] Srivastava N, Hinton G, Krizhevsky A, et al. Dropout: A simple way to prevent neural networks from overfitting[J]. The Journal of Machine Learning Research, 2014, 15(1): 1929-1958.

[152] Zhang S, Li S. Spectral-spatial classification of hyperspectral images via multiscale superpixels based sparse representation[C]// Proceedings of the 2016 IEEE International Geoscience and Remote Sensing Symposium, 2016: 2423-2426.

[153] Yamashita R, Nishio M, Do R K G, et al. Convolutional neural networks: An overview and application in radiology[J]. Insights into Imaging, 2018, 9(4): 611-629.

[154] Kiranyaz S, Avci O, Abdeljaber O, et al. 1D convolutional neural networks and applications: A survey[J]. Mechanical Systems and Signal Processing, 2021, 151: 107398-107419.

[155] Ji S, Xu W, Yang M, et al. 3D convolutional neural networks for human action recognition[J]. IEEE Transactions on Pattern Analysis and Machine Intelligence, 2012, 35(1): 221-231.

[156] Izenman A J. Linear Discriminant Analysis[M]. Berlin: Springer, 2013.

[157] Dozat T. Incorporating nesterov momentum into Adam[C]// Proceedings of the International Conference on Learning Representation, 2016: 1-19.

[158] Djerriri K, Safia A, Adjoudj R, et al. Improving hyperspectral image classification by combining spectral and multiband compact texture features[C]// Proceedings of the IGARSS 2019-2019 IEEE International Geoscience and Remote Sensing Symposium, 2019: 465-468.

[159] Zhang C, Li G, Du S. Multi-scale dense networks for hyperspectral remote sensing image classification[J]. IEEE Transactions on Geoscience and Remote Sensing, 2019, 57(11): 9201-9222.

[160] Bai J, Ding B, Xiao Z, et al. Hyperspectral image classification based on deep attention graph convolutional network[J]. IEEE Transactions on Geoscience and Remote Sensing, 2021, 60: 1-16.

[161] Chen J, Jiao L, Liu X, et al. Automatic graph learning convolutional networks for hyperspectral image classification[J]. IEEE Transactions on Geoscience and Remote Sensing, 2021, 60: 1-16.

[162] Pu S, Wu Y, Sun X, et al. Hyperspectral image classification with localized graph convolutional filtering[J]. Remote Sensing, 2021, 13(3): 526.

[163] Shafaey M A, Salem M A M, Al-Berry M N, et al. Review on supervised and unsupervised deep learning techniques for hyperspectral images classification[C]// Proceedings of the International Conference on Artificial Intelligence and Computer Vision, 2021: 66-74.

[164] Bianchi F M, Grattarola D, Livi L, et al. Graph neural networks with convolutional ARMA filters[J]. IEEE Transactions on Pattern Analysis and Machine Intelligence, 2022, 44(7): 3496-3507.

[165] Schölkopf B, Smola A, Müller K R. Nonlinear component analysis as a kernel eigenvalue problem[J]. Neural Computation, 1998, 10(5): 1299-1319.

[166] Liu W, Gong M, Tang Z, et al. Locality preserving dense graph convolutional networks with graph context-aware node representations[J]. Neural Networks, 2021, 143: 108-120.

[167] Huang G, Liu Z, van der Maaten L, et al. Densely connected convolutional networks[C]// Proceedings of the IEEE Conference on Computer Vision and Pattern Recognition, 2017: 4700-4708.

[168] Mou L, Ghamisi P, Zhu X X. Deep recurrent neural networks for hyperspectral image classification[J]. IEEE Transactions on Geoscience and Remote Sensing, 2017, 55(7): 3639-3655.

[169] Borsuk K. Drei Sätze über die n-dimensionale euklidische sphäre[J]. Fundamenta Mathematicae, 1933, 20(1): 177-190.

[170] Dong L, Zhang H, Ji Y, et al. Crowd counting by using multi-level density-based spatial information: A multi-scale CNN framework[J]. Information Sciences, 2020, 528: 79-91.

[171] Liu M Y, Tuzel O, Ramalingam S, et al. Entropy rate superpixel segmentation[C]// Proceedings of the CVPR 2011, 2011: 2097-2104.

[172] Xie J, Girshick R, Farhadi A. Unsupervised deep embedding for clustering analysis[C]// Proceedings of the International Conference on Machine Learning, 2016: 478-487.

[173] Hammond D K, Vandergheynst P, Gribonval R. Wavelets on graphs via spectral graph theory[J]. Applied and Computational Harmonic Analysis, 2011, 30(2): 129-150.

[174] Taubin G. A signal processing approach to fair surface design[C]// Proceedings of the 22nd Annual Conference on Computer Graphics and Interactive Techniques, 1995: 351-358.

[175] Kanungo T, Mount D M, Netanyahu N S, et al. An efficient *k*-means clustering algorithm: Analysis and implementation[J]. IEEE Transactions on Pattern Analysis and Machine Intelligence, 2002, 24(7): 881-892.

[176] Yang T N, Lee C J, Yen S J. Fuzzy objective functions for robust pattern recognition[C]// Proceedings of the 2009 IEEE International Conference on Fuzzy Systems, 2009: 2057-2062.

[177] Chen S, Zhang D. Robust image segmentation using FCM with spatial constraints based on new kernel-induced distance measure[J]. IEEE Transactions on Systems, Man, and Cybernetics, Part B, 2004, 34(4): 1907-1916.

[178] Ng A, Jordan M, Weiss Y. On spectral clustering: Analysis and an algorithm[C]// Proceedings of the Advances in Neural Information Processing Systems, 2001: 14.

[179] Yang X, Lin G, Liu Y, et al. Fast spectral embedded clustering based on structured graph learning for large-scale hyperspectral image[J]. IEEE Geoscience and Remote Sensing Letters, 2020, (19): 1-5.

[180] Matsushima S, Brbic M. Selective sampling-based scalable sparse subspace clustering[J]. Advances in Neural Information Processing Systems, 2019: 32.

[181] Wang R, Nie F, Wang Z, et al. Scalable graph-based clustering with nonnegative relaxation for large hyperspectral image[J]. IEEE Transactions on Geoscience and Remote Sensing, 2019, 57(10): 7352-7364.

[182] Hinton G E, Salakhutdinov R R. Reducing the dimensionality of data with neural networks[J]. Science, 2006, 313(5786): 504-507.

[183] Li Y, Hu P, Liu Z, et al. Contrastive clustering[C]// Proceedings of the 2021 AAAI Conference on Artificial Intelligence, 2021: 8547-8555.

[184] van der Maaten L, Hinton G. Visualizing data using t-SNE[J]. Journal of Machine Learning Research, 2008, 9(11): 2579-2605.

附录　本书所用数据集

本书主要采用 Indian Pines(IP)、Kennedy Space Center(KSC)、Pavia University(PU)、Salinas 和 University of Houston 2013(UH2013)五个广泛使用的真实的基准数据集来验证所提方法性能。这五个数据集在地物类别、拍摄地点、图像质量、空间分布、光谱特征、空间分辨率、光谱分辨率等方面具有各自的特点，下面将依次介绍这些数据集的详细信息。

1. Indian Pines 数据集

Indian Pines 数据集由 AVIRIS 传感器在印第安纳州拍摄。数据波长范围为 400～2500nm，大小为 145×145，空间分辨率为 20m。原始数据包含 220 个波段，去除 20 个易被水吸收的波段，剩下有效波段 200 个。数据内像素可被分为 16 个农作物类别。附图 1(a)显示了数据集伪彩色图像，附图 1(b)显示了数据集标准图和对应类别样本数。

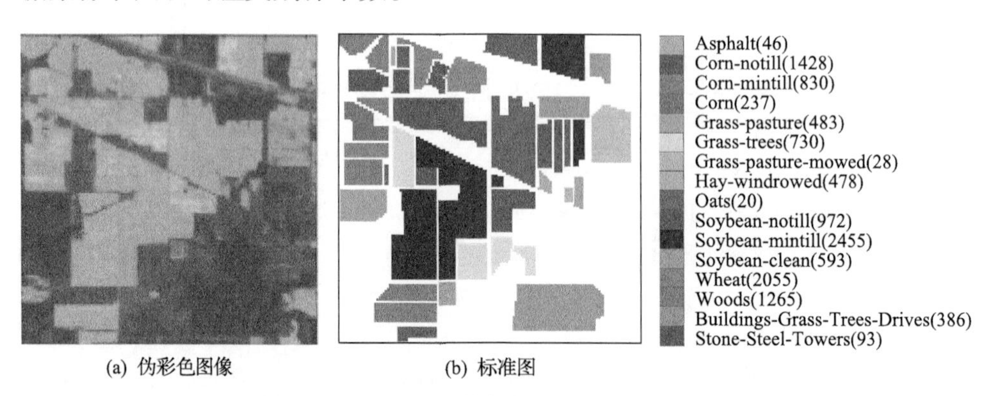

(a) 伪彩色图像　　(b) 标准图

附图 1　Indian Pines 数据集伪彩色图像和标准图

2. Kennedy Space Center 数据集

Kennedy Space Center(KSC)数据于 1996 年 3 月 23 日由 AVIRIS 传感器在佛罗里达州肯尼迪航天中心拍摄。数据波长范围为 400～2500nm，大小是 614×512，数据空间分辨率是 18m。原始数据包含 224 个波段，去除水汽吸收严重和低信噪比的波段后，剩下 176 个波段。数据像素可被分为 13 个地物类别。附图 2(a)显示了数据集伪彩色图像，附图 2(b)显示了数据集标准图和对应类别样本数。

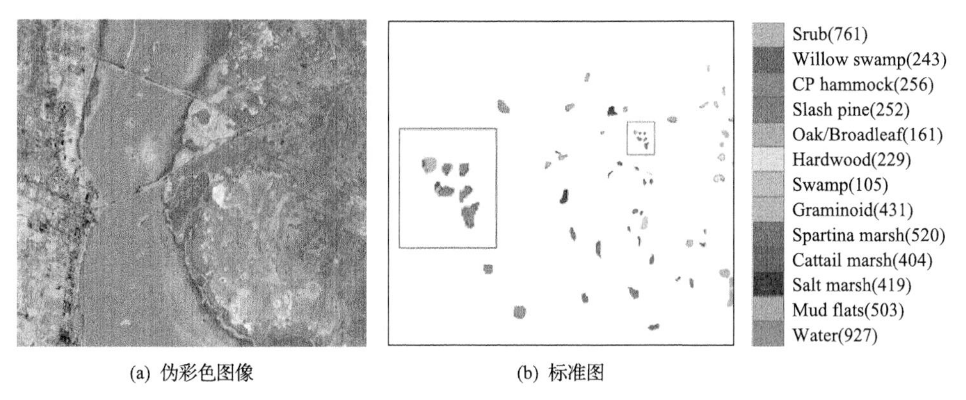

(a) 伪彩色图像　(b) 标准图

附图 2　Kennedy Space Center 数据集伪彩色图像和标准图

3. Pavia University 数据集

Pavia University(PU)数据由 ROSIS 传感器在意大利帕维亚市获取，常用于高光谱图像分类。数据集大小为 610×340，原始数据集包含 115 个波段，经处理后剩下 103 个波段。数据内像素可被分为 9 个地物类别。附图 3(a)显示了数据集伪彩色图像，附图 3(b)显示了数据集标准图和对应类别样本数。

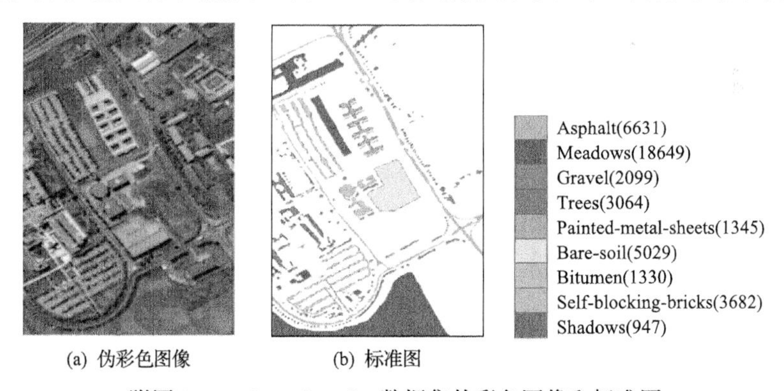

(a) 伪彩色图像　(b) 标准图

附图 3　Pavia University 数据集伪彩色图像和标准图

4. Salinas 数据集

Salinas 数据由 AVIRIS 传感器在加利福尼亚州 Salinas Valley 拍摄。数据波长范围为 400～2500nm，大小是 512×217，数据的空间分辨率为 3.7m。原始数据包含 224 个波段，去除水汽吸收严重的 20 个波段后，剩下 204 个波段。数据内像素可被分为 16 个农作物类别。附图 4(a)显示了数据集伪彩色图像，附图 4(b)显示了数据集标准图和对应类别样本数。

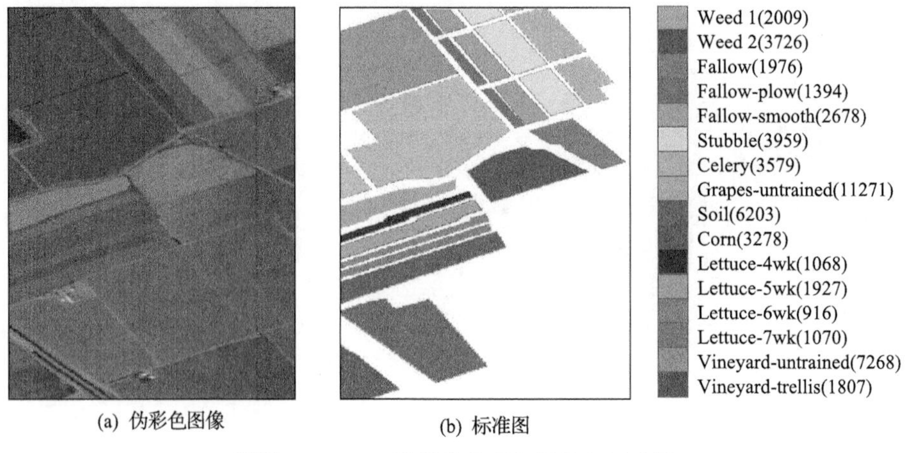

(a) 伪彩色图像　　(b) 标准图

附图 4　Salinas 数据集伪彩色图像和标准图

5. University of Houston 2013 数据集

University of Houston 2013(UH2013)数据由 ITRES CASI-1500 传感器在美国休斯敦大学获取，由 2013 IEEE GRSS 数据融合大赛提供。数据集包含波长范围从 364～1046nm 的 144 个波段数据，大小为 349×1905。数据内像素可被分为 15 个地物类别。附图 5(a)显示了数据集伪彩色图像，附图 5(b)显示了数据集标准图和对应类别样本数。

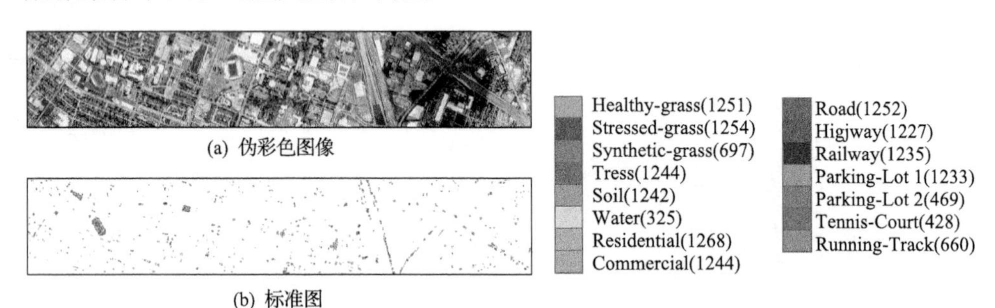

(a) 伪彩色图像

(b) 标准图

附图 5　UH2013 数据集伪彩色图像和标准图